建筑工程施工质量问答丛书

建筑工程施工
质量总论问答

吴松勤　主编

中国建筑工业出版社

图书在版编目(CIP)数据

建筑工程施工质量总论问答/吴松勤主编．—北京：中国建筑工业出版社,2004
（建筑工程施工质量问答丛书）
ISBN 7-112-06422-8

Ⅰ.建… Ⅱ.吴… Ⅲ.建筑工程—工程验收—质量标准—中国—问答 Ⅳ.TU711-44

中国版本图书馆 CIP 数据核字(2004)第 027924 号

建筑工程施工质量问答丛书
建筑工程施工质量总论问答
吴松勤 主编

*

中国建筑工业出版社出版、发行（北京西郊百万庄）
新 华 书 店 经 销
世界知识印刷厂印刷

*

开本：850×1168 毫米 1/32 印张：5$\frac{1}{2}$ 字数：144 千字
2004 年 6 月第一版 2004 年 6 月第一次印刷
印数：1—5500 册 定价：**12.00**元
ISBN 7-112-06422-8
TU·5671(12436)
版权所有 翻印必究
如有印装质量问题,可寄本社退换
（邮政编码 100037）

本社网址：http://www.china-abp.com.cn
网上书店：http://www.china-building.com.cn

本书是《建筑工程施工质量问答丛书》之一,是针对《建筑工程施工质量验收统一标准》及与其配套的各专业质量验收规范中的有关问题,以一问一答的形式,用科学和通俗的语言进行解答。充分体现该书的权威性、科学性、针对性和实用性。

本书可供建筑工程施工技术人员、质量管理人员及建设监理人员参考使用。

* * *

责任编辑:胡永旭　郦锁林
责任设计:孙　梅
责任校对:王　莉

《建筑工程施工质量问答丛书》
编 委 会

主　　编　卫　明　吴松勤

编　　委　徐天平　彭尚银　侯兆欣

　　　　　张昌叙　李爱新　项桦太

　　　　　宋　波　张耀良　钱大治

　　　　　杨南方

出版说明

为了认真贯彻实施《建设工程质量管理条例》、《工程建设标准强制性条文》、《建筑工程施工质量验收统一标准》等有关工程质量法规体系,加强建设行业管理人员和施工技术人员建筑工程质量意识和知识的普及,提高工程建设施工质量,由我社组织有关质检专家、研究人员、高级工程标准化技术专家和教授等编写《建筑工程施工质量问答丛书》。丛书共分11册,它们分别是:《建筑工程施工质量总论问答》、《地基与基础工程施工质量问答》、《混凝土结构工程施工质量问答》、《钢结构工程施工质量问答》、《砌体工程施工质量问答》、《建筑装饰装修工程施工质量问答》、《建筑防水工程施工质量问答》、《建筑给水排水与采暖工程施工质量问答》、《通风与空调工程施工质量问答》、《建筑电气工程施工质量问答》和《智能建筑工程施工质量问答》。

1. 本丛书是首次推出的有关建筑工程质量方面的一套普及性读物,它以一问一答的形式,针对建筑工程施工质量中一些基本知识和常遇到的问题,用科学和通俗的语言来解答。将建筑工程重要的技术法规、新的技术采用通俗浅显的语言表达出来。充分体现出丛书的权威性、科学性、针对性、实用性,同时也反映我国建筑施工质量管理水平和国家有关政策、法规要求。

2. 近年来,我国先后对建筑材料、建筑结构设计、建筑工程施工质量验收规范进行了全面修订并实施,丛书内容紧密结合相应规范,符合新规范要求,既可作为解决建筑工程施工中质量问题的可操作性强的普及型用书,也可作为建筑工程施工质量验收规范实施的培训参考用书。

3. 丛书反映了建设部重点推广的新技术、新工艺、新材料的质量标准、施工质量验收要求，尽量使其与施工质量管理的质量监督、质量保证和质量评价相呼应。

丛书主要以建筑分部工程划分，重点介绍地基与基础工程、混凝土结构工程、钢结构工程、砌体工程、建筑装饰装修工程、建筑防水工程、建筑给水排水与采暖工程、通风与空调工程、建筑电气工程（含电梯工程）和智能建筑等各分部工程施工中的质量问题，主要内容包括：工程质量管理基础知识、项目具体划分、各分项工程施工原材料质量要求、施工质量控制要点、质量控制措施、检验批质量检验的抽样方案要求、涉及建筑工程安全和主要使用功能的见证取样及抽样检测要求、工程质量控制资料要求、施工质量验收要求，同时介绍经常出现的质量问题和正确的处理方法。

丛书以问答的形式，先提出问题，再用科学道理和通俗的语言来解答，使基层工程技术人员和质量管理人员，既知道应该如何控制施工质量，又懂得为什么要控制质量、如何确保工程质量的道理。丛书可供建筑工程施工技术人员、质量管理人员、质检站质量监督人员及建设监理人员参考使用。

前　　言

《建筑工程施工质量验收统一标准》GB 50300—2001 于 2001 年 7 月 20 日发布后，与其配套的各项质量验收规范也陆续发布施行。本系列质量验收规范在全国开展了全面培训，从 2003 年 1 月 1 日起，连同建筑工程的系列设计规范，全面实施。在宣贯、培训及执行过程中，不少同行提出一些贯彻落实系列规范的有关问题。为了能更好地贯彻《建筑工程施工质量验收规范》系列标准，建设部标准定额司提出建议，要求各规范编写组，就宣贯和执行中提出的问题，能写一本问题解答的书，以便有针对性地落实验收的有关要求。按照《建筑工程施工质量验收规范》编制组的安排，我们就《建筑工程施工质量验收统一标准》的有关问题，整理成这本书，以期对读者能有所帮助。由于时间紧，我们水平所限，错漏之处实属难免，敬请同行们批评指正。

参加本书编写的人员有：吴松勤、卫明、杨玉江、吴洁、杨南方、彭尚银、张建明、袁经曾。

目 录

1. 建筑工程质量验收规范的演变过程是怎样的? 经过了哪些阶段? ………………………………………………… 1
2. 这次《建筑工程施工质量验收规范》为什么将原《建筑工程施工及验收规范》和《建筑安装工程质量检验评定标准》两个系列规范合并为一个验收规范系列标准? ……… 4
3. 编制《建筑工程施工质量验收规范》的指导原则是什么? … 9
4. 在验收规范修订中如何落实建设部提出的"验评分离、强化验收、完善手段、过程控制"编制原则? …………… 13
5. 如何在"验收规范"中体现管理的内容? ………………… 16
6. 《建筑工程施工质量验收规范》主要使用对象是谁? ……… 16
7. 质量验收规范标准水平如何确定? ………………………… 17
8. 为什么同一对象只制订一个标准? ………………………… 18
9. 《质量验收规范》的修订确立了"强制性条文"为重点的法规体系,其主要内容是什么? …………………………… 18
10. 什么是《质量验收规范》的支持体系? …………………… 21
11. 《建筑工程施工质量验收规范》系列标准都包括哪些内容? ……………………………………………………… 22
12. 验收规范本身的重大修改内容主要有哪些? …………… 23
13. 《建筑工程施工质量验收规范》系列标准的适用范围是什么? ……………………………………………………… 28
14. 原来为"建筑安装工程",而现在为"建筑工程"有什么说法? …………………………………………………… 29
15. 原来为"工程质量",这次修订改为"工程施工质量"有什么意义? ……………………………………………… 30
16. 为什么这次修订的质量验收规范,都将第二章列为

术语？ …………………………………………………… 31
17. 为什么新的质量验收规范设置第三章基本规定？ ……… 31
18. 《建筑工程施工质量验收统一标准》GB 50300—2001
第3.0.1条中提出的"施工现场"是什么含义？ ………… 34
19. 验收规范中规定了哪些施工质量控制的内容？ ………… 36
20. 《建筑工程施工质量验收统一标准》GB 50300—2001
第3.0.3条为什么作为强制性条文？ …………………… 37
21. 《建筑工程施工质量验收统一标准》GB 50300—2001
第3.0.3条作为强制性条文如何贯彻落实？ …………… 39
22. 《建筑工程施工质量验收统一标准》GB 50300—2001
第3.0.4条、3.0.5条抽样方案如何掌握？ ……………… 57
23. 质量验收规范划分分项、分部、单位工程的原则
是什么？ …………………………………………………… 59
24. 在分项工程划分时应注意些什么问题？ ………………… 60
25. 在分部工程划分时应注意些什么问题？ ………………… 61
26. 在单位工程划分时应注意些什么问题？ ………………… 69
27. 分项工程质量验收执行条文时，应注意些什么？ ……… 71
28. 分部（子分部）工程质量验收条文执行时，应注意些
什么？ ……………………………………………………… 73
29. 单位（子单位）工程质量验收条文执行时，应注意些
什么？ ……………………………………………………… 76
30. 《建筑工程施工质量验收统一标准》GB 50300—2001
第5.0.4条为什么确定为强制性条文？ ………………… 85
31. 如何贯彻好《建筑工程施工质量验收统一标准》
GB 50300—2001第5.0.4条强制性条文？ …………… 85
32. 工程质量不符合要求，如何处理和验收？ ……………… 95
33. 为什么《建筑工程施工质量验收统一标准》GB 50300—2001
第5.0.7条作为强制性条文？如何贯彻落实？ ………… 99
34. 为什么这次验收规范规定生产者自行检查是质量
验收的基础？ …………………………………………… 101
35. 监理（建设）单位组织的验收是不是工程质量的最终

	验收？	105
36.	为什么规定工程质量的验收程序和组织？	106
37.	《建筑工程施工质量验收统一标准》GB 50300—2001 第6.0.3条为何定为强制性条文，如何贯彻落实？	107
38.	《建筑工程施工质量验收统一标准》GB 50300—2001 第6.0.4条为何定为强制性条文，如何贯彻落实？	109
39.	《建筑工程施工质量验收统一标准》GB 50300—2001 第6.0.7条为何定为强制性条文，如何贯彻落实？	113
40.	强制性条文检查时如何进行记录？	119
41.	施工现场质量管理检查记录表如何检查和记录？	121
42.	检验批质量验收表的名称及编号是如何确定的？	125
43.	检验批质量验收表的填写应注意哪些问题？	127
44.	检验批质量验收记录表中，"施工单位检查评定结果"栏中的专业工长（施工员）、施工班组长的栏格为什么那样设置？	132
45.	国家工程质量验收规范和施工执行标准是什么关系？	132
46.	分项工程质量验收及记录表填写时应注意什么？	135
47.	分部（子分部）工程质量验收及验收记录表填写时应注意什么？	137
48.	单位（子单位）工程质量验收及记录表填写时应注意什么？	141
49.	主控项目中的允许偏差值是否一点也不能超过允许偏差值？	150
50.	一个单位工程分为几个子单位工程验收时，子单位工程也要进行竣工备案吗？	151
51.	根据子单位工程的划分原则，一个商住楼是否可以将商营部分和住宅部分为二个子单位工程？	152
52.	原《建筑安装工程质量检验评定统一标准》GBJ 300—88的验收资料分为质量控制资料、验评资料、管理资料、新的质量验收规范是否仍按这三块分？	152

53. 《建筑工程施工质量验收统一标准》GB 50300—2001
第5.0.6条第四款的加固技术处理方案是否一定要
原设计单位来制订？ ………………………………………… 153
54. 检验批质量验收记录表能否代替企业自检、隐蔽
验收等表格？ …………………………………………………… 154
55. 施工质量验收的检验批、分项、子分部、分部工程质量的
验收表，以及地基验核、隐蔽记录等表是否都要加盖公章？
还是由有关人员签字就行了？ …………………………… 156
56. 施工单位与监理单位在工程验收过程中意见不一致
时，由谁出面来仲裁？ ……………………………………… 157
57. 检验批验收时应"具有完整的施工操作依据、质量
检查记录"如何掌握？ ……………………………………… 158
58. 建筑工程质量验收规范修订的原因是什么？ ………… 159
59. 修改后的质量验收规范，对老百姓有什么好处？ ……… 160
60. 一般项目中有数据的项目有的规范规定有20%可超过
规定，有的没有规定，该如何执行？ ……………………… 161

1. 建筑工程质量验收规范的演变过程是怎样的？经过了哪些阶段？

建筑工程质量验收规范的演变经过了 5 个阶段，主要演变过程是这样的。

(1) 新中国成立后，我们国家没有建筑工程质量的检验评定标准，1953 年随着国家恢复建设，原苏联援助我国建设了一批重点工程，将其工程质量验收评定标准引进来，其质量等级分为优、良、可、劣四级，在重点工程上参照使用。

(2) 1966 年 5 月由原建筑工程部批准试行的《建筑安装工程质量评定试行办法》有 7 条，《建筑安装工程质量检验评定标准》(试行)(GBJ 22—66)(相当于现在的建筑工程质量检验评定标准)只有 16 个分项，每个分项分为"质量要求"、"检验方法"和"质量评定"三个部分。在全国推广使用。

(3) 1974 年 6 月，原国家基本建设委员会颁发了重新修订的《建筑安装工程质量检验评定标准》内容较 1966 年的标准有了较大的变化，"试行办法"改为"总说明"，适用范围包括《建筑安装工程质量检验评定标准》(建筑工程) TJ 301—74《建筑安装工程质量检验评定标准》(管道工程) TJ 302—74、《建筑安装工程质量检验评定标准》(电气工程) TJ 303—74、《建筑安装工程质量检验评定标准》(通风工程) TJ 304—74、《建筑安装工程质量检验评定标准》(通用机械设备安装工程) TJ 305—75、《建筑安装工程质量检验评定标准》(容器工程) TJ 306—77、《建筑安装工程质量检验评定标准》(工业管道安装工程) TJ 307—77《建筑安装工程质量检验评定标准》(自动化仪表安装工程) TJ 308—77、《建筑安装工程质量检验评定标准》(工业窑炉砌筑工程) TJ 309—77 及《建筑安装工程质量检验评定标准》(钢筋混凝土预制构件工程) TJ 321—76 等。

(建筑工程)TJ 301—74 的分项工程也增加为 32 个。每项工程是通过主要项目、一般项目和有允许偏差项目来检验评定其质量等级。其中主要项目必须符合标准的规定,标准中采用"必须"、"不得"用词的条文;一般项目应基本符合标准的规定,标准中采用"应"、"不应"用词的条文;有允许偏差的项目,其抽查的点(处、件)数中,有 70%达到本标准的要求为合格(而 1966 年标准为 80%),有 90%达到本标准的要求为优良。一个分部工程中,有 50%及其以上分项工程的质量评为优良,且无加固补强者,则该分部工程的质量应评为优良,不足 50%者,评为合格。

(4) 1979 年原国家建委(79)建发施字第 168 号通知,原城乡建设环境保护部以(85)城科字第 293 号通知下达了质量验评标准的修订任务,由建设部建筑工程标准研究中心组织修订工作,从 1985 年 9 月开始至 1987 年 7 月基本完成。根据全国审定会议决定,修订后的"总说明"部分单独成册,定名为《建筑安装工程质量检验评定统一标准》,编号 GBJ 300—88,并和《建筑工程质量检验评定标准》GB J301—88、《建筑采暖卫生与煤气工程质量检验评定标准》GBJ 302—88、建筑电气安装工程质量检验评定标准》GBJ 303—88、《通风与空调工程质量检验评定标准》GBJ 304—88 和《电梯安装工程质量检验评定标准》GBJ 310—88 等质量检验评定标准,组成一个建筑安装工程质量检验评定标准系列。

由于当时有些地区和企业对 TJ 301—74 标准组织培训不够,执行标准不严,致使出现没有严格按标准进行检验评定,有的甚至自行降低标准,使很大一部分工程的质量评定脱离了标准的规定。在标准修订之前,各地评定工程质量的标准和办法已有了较大的改变,但不统一。主要是:

① 对分项工程的"一般项目"做了定量补充;

② 对单位工程的质量补充了总体评定;

③ 对允许偏差项目的选点数量和取点位置作了具体规定。其主要问题是评定的工程质量等级与标准规定差距大,如 1984 年全国国营企业上报的质量报表统计,全部达到合格,其中优良率平

均达到79.3%,有20%的企业,优良率达到90%以上,有的甚至达到100%。1985年各省、自治区、直辖市抽查的56352个单位工程,合格率仅为39.8%。由此可知,工程质量不严格按标准评定的情况较突出,实际上有很大一部分工程是达不到"合格"规定的。

《建筑安装工程质量检验评定统一标准》GBJ 300—88的修订过程。1985年9月,提出了"验评标准"修订中若干问题的初步意见和修订项目目录,1985年11月完成征求意见后,完成了《建筑安装工程质量检验评定统一标准》讨论稿,1986年3月完成征求意见稿,并寄送全国各省、自治区、直辖市建设主管部门及国务院有关部委的基建部门征求意见。在1986年5～7月的全国工程质量大检查中,试用了修订的标准方案,同年10月完成了送审稿。为慎重起见,在审定会前,又将送审稿再次发至全国各地区及有关部门征求意见,完善和充实了送审稿,并在北京、天津、石家庄的一些工程上进行试用。1987年3月经在贵阳市召开的审定会议上审定通过,经修改后当年7月份完成了报批稿。主管部门考虑到这套标准的重要性,又决定印成试用本在更大的范围内试用,印发20万册发至全国,经过一年试用后,1988年《建筑安装工程质量检验评定统一标准》等6项标准才批准为国家标准,并自1989年9月1日起施行。

(5)建设部建标[1998]244号文《关于印发一九九八年工程建设国家标准修订、制订计划(第二批)的通知》,下发了《建筑工程施工质量验收统一标准》的修订任务,由中国建筑科学研究院会同中国建筑业协会工程建设质量监督分会等10个单位的13位同志,组成编制组。编制组进行了广泛的调查研究,总结了我国建筑工程质量验收的实践和经验,对原《建筑安装工程质量检验评定统一标准》GBJ 300—88系列标准和《建筑工程施工及验收规范》系列规范的优点和不足进行了认真的研究。结合《中华人民共和国建筑法》和《建设工程质量管理条例》中对工程质量管理提出的要求,按照建设部标准定额司提出的《关于对建筑工程质量验收规范编制的指导意见》及"验评分离,强化验收,完善手段,过程控制"的指导思想,以及技术标准中适当增加质量管理内容的要求等,于1999年4月提出了统一标准的修订大纲;1999年6月制订了统一标准的框架,1999年11月完成了统一标准讨论稿;2000年3月完成征求意见稿,发至全国征求意见,并召开了三次重点征求意见会;2000年9月完成送审稿;2000年10月通过审定,之后与本系列其他各规范进行了广泛协调,于2001年4月完成报批稿;2001年7月批准发行,于2002年1月1日起施行。其他配套的专业验收规范,也相继在2002年及2003年修订完成。

2. 这次《建筑工程施工质量验收规范》为什么将原《建筑工程施工及验收规范》和《建筑安装工程质量检验评定标准》两个系列规范合并为一个验收规范系列标准?

主要是两个方面的原因。

第一、原《建筑安装工程质量检验评定标准》,本身已不适应市场经济发展的要求。

(1)《建筑安装工程质量检验评定标准》的执行情况。建筑安装工程质量检验评定标准是1979年下达修订任务,1985年开始修订,1986年初完成方案,其方案在1986年全国工程质量检查中,进行了试用。1987年形成正式稿,并于2月通过审定。1987年又在全国范围内进行试用。在广泛征求意见的基础上,于1988年正式颁发,1988年9月1日施行。

GBJ 300—88《验评标准》系列标准包括:《建筑安装工程质量检验评定统一标准》GBJ 300—88,《建筑工程质量检验评定标准》GBJ 301—88,《建筑采暖卫生与煤气工程质量检验评定标准》GBJ 302—88,《建筑电气安装工程质量检验评定标准》GBJ 303—88,《通风与空调工程质量检验评定标准》GBJ 304—88 和《电梯安装工程质量检验评定标准》GBJ 310—88 等六本标准。在标准公布执行后,标准修订组还召开过三次会议,对标准的培训教材进行审定,对贯彻标准配套使用的表格进行审查,还发出了有关标准执行中问题的解释。修订组成员配合建筑管理局一起抓工程质量,开展标准的培训。标准的贯彻执行,对推动企业加强工程质量管理,为工程质量监督机构提供了监督手段和依据,配合了政府部门对工程质量的宏观控制,促进全国工程质量管理工作的改进,起到了积极的作用。

该标准是一项大家普遍关心和影响力度较大的标准。1993年由建设部推荐,参加了亚太地区工程技术标准交流的三个标准之一。标准修订组并派代表参加亚太地区工程标准化会议,进行了书面交流。国内80多项的同类标准,也程度不同地参照本标准的体例,进行了修订和制订。但随着时间的推进,市场经济的发展,原《验评标准》已不适应当前工程质量管理的需要。

(2)使用标准的环境发生了变化。从1985年开始修订88标准,调研确定编制的指导思想,至今已近20年的时间,标准使用环境发生了很大变化。我国经济建设有了大的发展,市场经济逐步形成。原标准修订的背景是改革开放初期,还是计划经济时期,管理上的指导思想是政企不分,共同搞好工程质量,责任不明,全过程贯彻一管到底;技术上是以多层砖混结构住宅为模式;当时工程质量问题多,工程质量处于低谷时期,这样就形成了两个不适用:

一是不利于责、权、利的落实,影响了工程质量责任的落实,影响了监督工作机制的形成和建筑市场的发育;

二是不利于新技术、新结构的推广应用,不利于高层建筑和大体量建筑的质量管理工作。由于建筑技术的飞快发展,高层、超高层建筑的大量出现,新技术、新结构的广泛应用,原验评标准不论从技术上、内容上、方法上都无法适应,使上述建筑工程质量评定处于无标准可遵循的状况。

(3)与相关规范不协调。验评标准修订的思路是与各施工规范、标准配合使用,内容交叉较多,当时的指导思想是按规范操作,按标准评定。验评标准迟迟不进行修订,而一些规范已修订,内容有了很大的改动,验评标准的内容却依然还是旧的,新技术的发展缺项也日益增多,执行中交叉多、矛盾多,有的企业就低不就高,影响了有关规范的全面贯彻执行。如不从根本上采取措施,这个矛盾是不能彻底解决的。

(4)"验评标准"本身也存在一些不足之处。一是定性较多,检测手段较少,定量不够,观感评定较多,受人为因素影响较大,掌握起来差别较大;二是与有关规范交叉重复太多,很难做到同步修订,协调一致,造成了长时间的不同步;三是在一定程度上评定工作量太大,也有些繁琐,且内容、项目上的评定也过于统一,对一些特殊项目的评定就比较勉强等;四是与市场经济体制不相适应,责、权、利不统一,不同利益方的定位不准,影响工程质量的管理工作,不利于市场经济体制下,工程质量监督机制的形成,也不利于建筑市场的培育。

(5)与国际惯例不接轨。质量标准通常被认为是市场经济的通用语言,ISO组织对此专门制订了ISO9000标准,在许多国家开展了认证。按ISO对质量的定义,质量包括功能、可靠性与维修性、安全性、适用性、经济性、时间性,重点强调内在需要能力的特性。对工程也是这样,而在我们以往的施工规范中,对主体结构质量只有一种要求,而验评标准把工程质量分为合格、优良,而多以外观质量来区分,反映内在质量的内容较少。在国际上工程质量多是通过或不通过质量验收,没有分等级,有些国家虽有"工程质量标准",其主要是设计图和施工规范的补充,是企业提高信誉而用的,不是判定工程质量是否满足要求的依据。特别是加入WTO后,工程质量标准应有一定的前瞻性。

(6)现行的施工规范及验评标准,对检测手段应用较少,使工程质量的评定工作,受到人的专业水平及人为因素的干扰。因而工程质量评定中常常是科学数据少。

第二、《建筑工程施工及验收规范》也不适应当时工程质量管理的要求。

(1)《建筑工程施工及验收规范》的执行情况。新中国成立以来,随着基本建设的发展,《施工规范》系列也随着发展。起初我国是操作技艺,随工匠师傅的水平来发挥,有些营造商也制订有自己的操作规定,没有全国性的规定。20世纪50年代中期,原国家建设委员会批准颁发了《建筑安装工程施工及验收暂行技术规范》,其基本内容是翻译原苏联国家规范的全部条文。1961~1963年,原国家建筑工程部会同有关部门,对《建筑安装工程施工及验收暂行技术规范》进行了修订,在内容方面作了删改和补充,对文字也作了较大的增减变动,并将其各篇章分别单独列为《土方工程施工及验收规范》、《地基基础工程施工及验收规范》、《砌体工程施工及验收规范》、《混凝土工程施工及验收规范》、《木结构工程施工及验收规范》、《钢结构工程施工及验收规范》、《装饰装修工程施工及验收规范》及《水电安装工程施工及验收规范》等,并于1966年陆续颁发施行。1973年前后,又普遍组织了一次大的修订工作,1982年又进行了修订,基本形成了目前《建筑工程施工及验收规范》系列规范的体系。这个系列规范,多数在1991~1999年之间又修订了一次。

这些规范的每一次修订,都对我国建筑工程施工管理工作和工程质量管理工作有很大的推动,使我国工程建设标准化工作更加完善,科学技术水平也不断提高,基本保证了工程建设的顺利进行,对我国社会主义经济建设发挥了很好的作用。

(2)《建筑工程施工及验收规范》也存在"验评标准"同样的诸多问题。由于我国工程建设标准化工作不完善,标准化工作人员不固定,队伍建设重视不够,标准的编制经费不足,标准科研工作的缺乏等,我国工程建设标准的科学性、前瞻性等不够。在《验评标准》中存在的问题,在《施工规范》中也程度不同地存在。

第三、贯彻《建设工程质量管理条例》对工程技术标准提出新的要求。

《条例》的发布对工程质量管理产生了大的影响,是建国以来最高形式工程质量管理法规。

(1)《条例》第三条确定了建设单位、勘察单位、设计单位、施工单位、工程监理单位依法对建设工程质量负责。并各单独列为一章做了具体规定。

① 建设单位是工程建设的投资人（业主），可以是法人、自然人及房地产开发商，是工程建设项目建设过程的总负责方，负责确定建设项目的规模、功能、外观、选用重要的材料设备，并具有按照有关规定选择勘察、设计、施工、监理单位的权力，是确定工程质量的首要责任方，《条例》在第二章（7～17条）对建设前段时间的质量责任和义务做出了规定。其应依法选择好勘察、设计、施工及监理单位，以及选择好重要的材料和设备；提供真实、准确、齐全的原始资料；遵守工程建设程序和有关规定；提出合理的质量目标；通过施工图设计文件审查和施工过程的质量监督来实现质量目标；并做好工程质量验收和竣工备案工作。

② 勘察单位是从事工程测量、水文地质和岩土工程等工作的单位，其任务是依据建设工程项目的目标，按规定的程序查明并分析、评价建设场地和地质及地理环境特征和岩土工程条件，编制建设项目所需要的勘察文件。为工程建设和设计工作提供真实、准确的依据。要为提出的勘察报告及数据负责。

③ 设计单位是从事建设工程设计的单位，依据建设项目的任务和目标，依据建设单位的要求及提供的工艺等资料对其技术、经济、资源、环境等条件进行综合分析，制订方案，论证优选，编制建设项目的设计文件，设计文件应符合设计规范的规定，技术先进，深度符合要求。设计单位对设计文件的质量负责。在施工建设过程中并提供相关服务和咨询。

④ 施工单位，从事土木工程、建设工程、线路管道和设备安装工程及装修工程等施工。经过精心组织，从选择材料、构件、设备到组织有序地施工，保证其施工质量，并在规定期限内负责保修。

⑤ 工程监理单位是受建设单位委托，依据有关法律法规规定和建设单位的要求，对工程质量进行检查，并进行各项工程的验收，对工程的验收质量负责，对工程质量承担监理责任。

这些都是建设项目的主要参与者，不论哪一方哪个环节出了问题，都会导致质量缺陷，甚至重大质量事故的发生。

（2）《条例》第五条规定了从事建设工程活动,必须严格执行基本建设程序;坚持先勘察、后设计、再施工的原则。

勘察、设计、施工是工程建设的三个阶段。而每一个阶段又有各自的程序,这是保证各阶段工程质量的需要,是多年来经验和教训的总结。各阶段都必须经批准、验收,上一阶段合格后,才能进行下一阶段的工作。国家已把这些规定为基本建设必须遵守的法定程序,这是保证工程质量的基本规定。

（3）《条例》强调工程建设过程的过程控制,施工前制订好施工方案、操作工艺,对原材料进场验收和检查;施工过程中加强检查,不符合程序和不符合质量要求的要随时发现,随时纠正,加强工序质量的检查验收。原材料不经监理工程师认可签证,不得用于工程;上道程序不经监理工程师认可签证验收,不得进行下道工序施工。

（4）《条例》确立了强制性标准条文,为工程建设技术标准的贯彻执行,打下了良好基础。勘察设计单位在设计中,必须满足强制性标准条文,首先勘察、设计文件的质量得到了保证;施工单位在施工过程中,也必须贯彻强制性标准条文,也要达到质量验收规范的要求。为落实《质量验收规范》创造了好的条件。

3. 编制《建筑工程施工质量验收规范》的指导原则是什么？

《建筑工程施工质量验收规范》编制初期,建设部标准定额司提出了《关于对建筑工程验收规范进行编制的指导意见》其主要内容是：

（1）总体设想

根据《中华人民共和国标准化法》规定,分为国家标准、行业标准,同时又分为强制性标准、推荐性标准。对保障人体健康,人身、财产安全的标准和法律、行政法规规定强制性执行的标准是强制性标准,其他标准是推荐性标准。对于质量管理工作在最近的政府机构改革中,给予了强化,以此制定的质量方面的标准规范也应当是强制性标准。为此,提出了验收标准修订的"验评分离,强化验收,完善手段、过程控制"的改革设想。

①"验评分离"有二个层次的含义。一是指将验评标准中的质量检验与质量评定的内容分开,将施工规范中的施工工艺和质量验收的内容分开。将验评标准中的质量检验与施工规范中的质量验收衔接,形成工程质量验收规范。施工规范中操作工艺属于一种方法标准,可以作为企业标准或施工工艺规范,也可作为推荐性标准。质量评定为企业施工操作工艺水平进行评价,可作为行业推荐标准,通过政府认可来实施,为社会给企业的奖罚提供依据。二是企业的检查评定与建设单位(监理单位)的验收分开。施工企业按照质量责任,自己必须先检查评定合格,然后再交给监理(建设)单位进行验收,这两个步骤要分开,各负其责。施工单位不自行评定或评定不合格,就交监理批准验收,这属于施工单位没有尽到责任,是不良行为记录;如施工单位自行检查评定合格后,交监理单位验收。监理单位如将不合格的进行验收,或是将合格的工程验收不合格,都是监理单位没有尽到责任,是监理的不良行为记录。这样从整个过程分清了质量责任。

②"强化验收"是指将现行施工规范中验收部分与评定标准中的质量检验内容合并起来,形成一个完整的最低质量标准,是施工企业必须达到,建设单位必须按其验收的质量标准。这是保证工程质量的一个重要措施,将其作为质量管理中的一个重要环节,控制不合格的工程不流向社会。而且将各阶段的质量责任,分别落实在有关责任主体,由参与建设的各责任主体共同来承担质量责任,通过"强化验收"使其落实到实处。同时,通过"强化验收",突出执行标准的重点,将工程建设标准的实施推向一个新的阶段,改变以往执行标准不认真,可执行可不执行的做法。

③"完善手段"包括两个方面的内容,一是完善施工工艺的检测手段;二是完善验收检验方法的内容,避免人为因素的干扰和观感的影响。在原《建筑安装工程质量检验评定标准》系列和《建筑工程施工及验收规范》系列,都缺乏一定的检测、检查手段,不能用数据来说明工程质量的情况,多数是用定性的标准,或主观的观感

评分来评价工程质量。这次修订质量验收规范,建设部明确提出了增加验收的科技含量,尽量多用数据来作为工程质量验收的指标。将这些落实到"验收规范"的内容中去。

④ "过程控制"要从工程的特点出发,在工程建设的全过程开展控制,质量验收规范要提出控制要求,施工过程也要控制,以保证工程质量达到质量指标。

(2) 积极稳妥修订好质量验收规范,主要要解决好几个方面的问题。

这次规范的全面修订,量大面广,为便于形成规范之间的配套使用。对于验收规范的施工技术规范的修改,主要解决以下几个方面的内容:

① 建立验收类规范和施工技术规范体系的要求

同一个对象只能制定一个标准,才能便于执行。这就要求标准规范之间应当协调一致,避免重复矛盾。解决这个矛盾着重在于要划清标准规范的体系,使得各个标准规范如同一个城市的规划一样,功能齐全、秩序井然,极大地发挥各个标准规范的作用。为此,根据有关方面的意见提出了建筑安装工程质量验收标准规范体系的框架,这个体系框架将作为指导编制组修订标准规范的指导思想。

② 统一编制原则

A. 为了便于工程验收规范、施工技术规范的修订加快进程,应在统一思想的基础上,明确这两类规范的编制原则。这个原则首先要结合当前我国的质量方针政策,确定质量责任和要求深度,然后修改和完善不合理的指标。

B. 对于强制性的工程验收规范,重点将现行的"施工及验收规范"和"质量检验评定标准"中有关验收和质量检验的内容合并起来,制定独立的验收规范。在这个规范中应取消现行的质量检验评定标准中的优良、合格评定划分,只给出一个指标,即验收指标。将属于涉及工程安全、影响使用功能和质量的给予重点突出并具体量化,对于验收的方法和手段给予规范化,形成对施工质量全过程控制的要求。

C. 对于推荐性的施工工艺规范,将现行的"施工及验收规范"中有关施工工艺和技术方面的内容可作为企业标准或行业推荐性标准。这些规范要同时兼顾现行的标准规范中有些操作规程的内容。

D. 对于质量检测方面的内容,应分清基本试验和现场检测。基本试验具有法定性,现场试验作为内控质量,用于质量判定时,应结合技术条件、试验程序和第三方确认的公正性。

E. 对于质量评定方面的内容,从有利于提高工程质量,方便优良工程的评定,结合当前有关建设工程质量方针和政策,制订出评定方面的推荐性标准。这方面的标准应考虑工程安全、功能评价、建筑环境等方面的质量要求,还应兼顾工程观感质量,编制出一项为工程评优服务的推荐性标准。

③ 措施应配套

制定的配套措施应围绕规范的贯彻实施,特别是强制性验收规范的贯彻执行。主要可以从下述内容进行:

A. 与工程质量有关的行政措施配套;

B. 规范的修订要配套,相关内容的规范应当同时完成,这种配套不仅包括施工规范本身,还应当包括相关的设计规范等;

C. 充分发挥学术民主,引导施工单位、质量监督机构、工程监理单位、检测机构、设计和科研单位关心这次规范的修订,多征求他们的意见,协商一致共同确认;

D. 与规范使用相配套的软件、标准图、手册和指南等要协调一致;

E. 新旧规范的搭接使用,应给出一定的时间间隔,给大家一个充分学习和掌握的过程。

(3) 具体工作要求

① 首先编制指导各个验收规范编制的《建筑工程施工质量验收统一标准》,通过统一标准,提出"验收规范"总的原则和要求,为其他验收规范提供一个统一遵守的准则。

② 对《建筑安装工程质量检验评定统一标准》GBJ 301—88 中涉及到各个章的内容分别与相应的施工及验收规范进行合并，编制独立的验收规范。

③ 对下列标准进行合并，编制出完整的验收规范。《建筑采暖卫生与煤气工程质量验收评定标准》GBJ 302 与《采暖与卫生工程施工及验收规范》GBJ 242 合并；《通风与空调工程质量检验评定标准》GBJ 304 与《通风与空调工程施工及验收规范》GBJ 243 合并等。

④ 对现在正在修订的施工规范《土方与爆破工程施工及验收规范》GBJ 201—83、《地基与基础工程施工及验收规范》GBJ 202—83、《地下防水工程施工及验收规范》GBJ 208—83、《采暖与卫生工程施工及验收规范》GBJ 242—82 等四项标准规范，应根据上述原则修订为验收规范。

⑤ 对有关施工工艺方面的标准规范、试验检测、质量评级方面标准规范在今后的过程中逐步修订。

4. 在验收规范修订中如何落实建设部提出的"验评分离、强化验收、完善手段、过程控制"编制原则？

按照建设部建标[1999]244 号文的要求，《建筑工程施工质量验收统一标准》由中国建筑科学研究院和中国建筑业协会质量监督分会等 10 个单位 13 名人员参加，经过初稿、讨论稿、征求意见稿阶段，2001 年 4 月完成报批稿，2001 年 7 月 20 日批准发布执行。

与统一标准同一系列的其他 15 项质量验收规范，从 2000 年 7 月开始陆续修订，至 2001 年 12 月底有 13 项通过审定。最后一项《智能建筑工程质量验收规范》GB 50339—2003 也于 2003 年 7 月 1 日批准，于 2003 年 10 月 1 日起施行。编制原则贯穿于整个规范修订的全过程，并不断领会和完善这些原则。本次编制是将有关房屋工程的施工及验收规范和其工程质量检验评定标准合并，组成新的工程质量验收规范体系，实际上是重新建立一个技术

标准体系,以统一房屋工程质量的验收方法、程序和质量指标。编制原则的落实,是这样的:

(1)验评分离:是将现行的验评标准中的质量检验与质量评定的内容分开,将现行的施工及验收规范中的施工工艺和质量验收的内容分开,将验评标准中的质量检验与施工规范中的质量验收衔接,形成工程质量验收规范。施工及验收规范中的施工工艺部分作为企业标准,或行业推荐性标准;验评标准中的评定部分,主要是为企业操作工艺水平进行评价,可作为行业推荐性标准,为社会及企业的创优评价提供依据。

① 将原来施工规范中的施工工艺内容和验评标准中的质量检查评定内容分离出来,质量验收和检验的内容形成了"质量验收规范"。将"验收规范"与施工工艺及自我检查评定分开,明确了企业管的事企业管,政府管的事政府管,分清了各自的质量责任。

② 方便了按程序控制工程质量的设想,企业自行按施工工艺等企业标准,进行操作和控制,来达到国家质量验收规范的要求,自行检查评定合格后,才交给监理验收,监理(建设)单位按"质量验收规范"的规定,对工程质量进行验收。用规范的形式固定下来,方便了政府的监督检查。

(2)强化验收:是将施工规范中的验收部分与验评标准中的质量检验内容合并起来,形成一个完整的工程质量验收规范,作为强制性的措施,是建设工程必须完成的最低质量标准,是施工单位必须达到的施工质量标准,也是建设单位验收工程质量所必须遵守的规定。其规定的质量指标都必须达到。强化验收体现在:

① 强制性标准;

② 只设合格一个质量等级;

③ 强化质量指标都必须达到规定的指标;

④ 增加检测项目。验评分离、强化验收示意,见图1。

(3)完善手段:以往不论是施工规范还是验评标准,对质量指标的科学检测重视不够,以至评定及验收中,科学的数据较少。为改善质量指标的量化,在这次修订中,努力补救这方面的不足,主

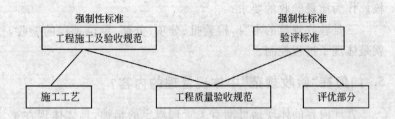

图 1 验评分离、强化验收示意图

要是从三个方面着手改进。

一是完善材料、设备的检测;

二是改进施工阶段的施工试验;

三是开发竣工工程的抽测项目,减少或避免人为因素的干扰和主观评价的影响。

工程质量检测,可分为基本试验、施工试验和竣工工程有关安全、使用功能抽样检测三个部分。

基本试验具有法定性,其质量指标、检测方法都有相应的国家或行业标准,其方法、程序、设备仪器,以及人员素质都应符合有关标准的规定,其试验一定要符合相应标准方法的程序及要求,要有复演性,其数据要有可比性。

施工试验是施工单位内部质量控制,判定质量时,要注意技术条件,试验程序和第三方见证,保证其统一性和公正性。

竣工抽样试验是确认施工检测的程序、方法、数据的规范性和有效性,为保证工程的结构安全和使用功能的完善提供见证数据。在实施中,注意统一施工检测及竣工抽样检测的程序、方法、仪器设备等。

(4)过程控制:是根据工程质量的特点进行的质量管理。工程质量验收是在施工全过程控制的基础上。主要内容是:

一是体现在建立过程控制的各项制度;

二是在基本规定中,设置控制的要求,强化中间控制和合格控制,强调施工必须有操作依据,并提出了综合施工质量水平的考核。作为质量验收的要求；

三是验收规范的本身，检验批、分项、分部、单位工程的验收，就是体现了过程控制。

5. 如何在"验收规范"中体现管理的内容？

管理内容的体现是贯彻有关管理规定的精神，具体体现在第三章基本规定中的施工现场管理体系，主要是施工的基本程序、控制重点、管理的基本要求等。基本规定的全部条文都是围绕管理提出的。第四章质量验收的划分，第六章质量验收程序和组织等，也都是管理的内容。这样有利于落实当前有关工程质量的法律、法规、质量责任制等。将《中华人民共和国建筑法》、《建设工程质量管理条例》的精神具体进行落实。

同时，考虑参与工程建设的建设单位、勘察设计单位、施工单位、监理单位责任主体的质量责任落实，分清质量责任等。具体体现在每个验收的表格中。

6.《建筑工程施工质量验收规范》主要使用对象是谁？

以往的《施工规范》和《质量检验评定标准》没有针对性的主要使用对象，施工企业、监理单位、监督机构及政府管理部门都可以使用，使用时间也没有限定，从施工过程中，到竣工后的全部过程，都可以用，但又都可以不用。即是使用亦造成了上下一个标准，由于时间、角度不同，使评价结果产生差异。

这次《质量验收规范》修订中，为了能更好发挥验收规范作用。进一步明确了《建筑工程施工质量验收统一标准》及《建筑工程各专业质量验收规范》的主要服务对象。

这些标准主要服务对象是施工单位、建设单位及监理单位。即施工单位应制订必要措施，保证所施工的工程质量达到《验收规范》的规定；建设单位、监理单位要按《验收规范》的规定进行验收，不能随便降低标准。《验收规范》是施工合同双方应共同遵守的技术标准。同时，也是参与建设工程各方应尽的责任，以及政府质量监督和解决施工质量纠纷仲裁的依据。

另外,也规定了检验批、分项、分部(子分部)、单位工程(子单位工程)的验收时间,不同阶段的验收都有一定的时效性。检验批、分项工程、分部(子分部)工程的验收时间,监理单位必须及时进行,要能保证施工正常进行,不能影响工程进度。单位工程(子单位工程)的验收,建设单位应在收到施工单位竣工报告的一定时间内,组织有关人员进行验收。竣工备案完成后,使用过程中,在评价工程质量或仲裁质量纠纷时,验收规范只能是参考,或追查施工过程中的不足等。不能再作为验收不验收的惟一依据。

7. 质量验收规范标准水平如何确定?

标准编制中水平的确定是标准修订的一个重要内容,以往都是以全国平均先进水平为准,但这次是施工规范和验评标准的合并,在这个基础上确定新的验收标准的水平,是一个很难解决的问题。因为新的验收标准只规定合格一个质量等级,又要求不能将现行的施工及验收规范、检验评定标准的规定降低。验收规范的质量指标又取消了70%合格,90%优良的允许偏差项目,新标准又规定各项质量指标必须全部达到。所以,必须讲明新验收标准的水平,虽只是一个合格等级,但其标准是提高了,不是降低了,而且提高的幅度还比较大。新验收标准的水平是确定在全国管理先进水平上,而不是像以往规范、标准的水平确定在全国平均先进水平上。

经过测试和调查,一、二级企业及管理水平较好的三级企业只要注意管理是能达到质量要求的,这些企业能完成当前任务的绝大部分,标准水平提高不会影响到建设任务的完成。但对其他企业来讲,难度是较大的,必须经过相当的努力和一定的时间,才能达到验收规范的要求。应当说明的是,验收规范水平的提高,是符合我国当前情况的。我国大规模建设已经几十年了,国家的经济实力也比从前增强了很多,工程施工质量水平应有一个较大幅度的提高才符合发展规律。新修订的建筑结构设计规范已经将结构可靠度提高了 15%～17%。建筑结构荷载规范已将风、雪荷载由 30 年一遇提高到 50 年一遇。为此,施工质量验收规范提高标准水平也是合情合理的。

8. 为什么同一对象只制订一个标准?

同一个对象只能制订一个标准,以减少交叉,便于执行。这次质量验收规范的修订,基本能实现这个目标。现在建筑工程施工质量验收规范系列,满足了一个对象一个标准的目标。在这个系列中,15 项规范不论是同时修订还是哪一个先修订,因为都是独立的,都不会发生交叉,都能保证正常使用。以往的《建筑工程施工及验收规范》、《建筑安装工程质量检验评定标准》是一个对象制订有二个或更多的标准,由于修订时间的差别、各规范考虑修订的内容,不便于协调,致使出现很多不一致和不协调的地方,使执行者造成了交叉、重复等执行的困难。《质量验收规范》基本上解决了这个问题。

9.《质量验收规范》的修订确立了"强制性条文"为重点的法规体系,其主要内容是什么?

所讲的质量验收规范应是一个完整的体系,以往的"施工规范"、"验评标准"都是独立的体系,又是交叉的,都是国家标准,是平行的,互相对立,又不相互支持。新的质量验收规范,将对工程质量的管理产生大的影响。其将形成一个完整的技术标准体系。

(1)《工程建设标准强制性条文》(规范中用黑体字注明),其相当于国际上发达国家的技术法规,是强制性的,是将直接涉及建设工程安全、人身健康、环境保护和公共利益的技术要求,用法规的形式规定下来,严格贯彻在工程建设工作中,不执行技术法规就是违法,就要受到处罚。这是《条例》为适应社会主义市场经济要求,工程建设标准管理体制推进改革的关键措施。这种管理体制,由于技术法规的数量相对较少,重点内容比较突出,因而运作起来比较灵活。不仅能够满足建设市场运行管理的需要,也不会给工程建设的发展、技术的进步造成障碍。这是我国工程建设标准体制的改革向国际惯例靠拢的重要步骤。

同时《工程建设标准强制性条文》的推出,是贯彻落实《条例》的一项重大举措。长期以来,教训告诉我们,一定要加强工程建设全过程的管理,一定要把工程建设和使用过程中的质量、安全隐患消灭在萌芽状态。《条例》的发布,对建立新的建设工程质量监督管理制度做出了重大决定,为保证工程质量提供了法律武器。其作用:

一是对业主的行为进行严格规范;

二是将建设单位、勘察、设计、施工、监理单位规定为质量责任主体,并将其在参与建设过程中容易出现问题的重要环节做出了明确规定,依法实行责任追究。规定了对施工图设计文件审查制度,施工许可制度,竣工备案制度。并规定了政府对工程质量的监督管理,将以建设工程的质量、安全和环境质量为主要目的,以法律、法规和工程建设强制性标准条文为依据,以政府认可的第三方强制性监督的主要方式,以地基基础、主体结构、环境质量和与此相关的工程建设各方责任主体的质量行为为主要内容的监督管理制度。

三是对执行强制性技术标准条文做出了严格的规定,不执行工程建设强制性技术标准条文就是违法,根据违反强制性标准条文所造成后果的严重程度,规定了处罚措施。这就打破了以往政府单纯依靠行政手段强化建设工程质量管理的概念,走上了行政管理和技术管理并重的保证建设工程质量的道路,这就为我国在社会主义市场经济条件下,解决建设工程过程中可能出现的各种质量和安全问题奠定了基础。

(2)《工程建设标准强制性条文》的推出,为改革工程建设标准体制迈出了第一步,工程建设标准化是工程建设实行科学管理,强化政府宏观调整的基础和手段,对确保工程质量和安全、工程建设的技术进步,提高工程建设经济效益和社会效益都有重要意义。

但是我国长期受计划经济体制的约束,工程建设的技术法规虽起了很大的作用,但是由于标准体系中的强制性标准占现行标准总数的85%以上,有2700多项,总条目近50万条之多,给实施和监督这些强制性标准带来很大困难。其主要是:

一是这么多条数执行难,并且限制了企业的积极性、创造性和新技术的发展;

二是处罚尺度难掌握,一般规定与强制性标准难以区分,处罚起来不便操作;

三是现行的强制性标准内容杂、数量多,企业无从做起。这样久而久之,就对工程建设标准的执行打了折扣。《条例》提出了工程建设标准强制性条文,初步形成了技术法规与技术标准相结合的管理体制,技术法规(强制性条文)是强制性的,不执行就要受到处罚。2000年颁发的房屋建筑部分的强制性条文,是从84项标准中摘录出来的,原条文有近1.6万条之多,其强制性条文是1544条,其中施工部分为304条,这样数量相对较少,重点突出执行起来就比较容易。而且,2002年建筑工程的设计规范及质量验收规范修订,其中强制性标准条文,也同时进行了修订,涉及标准107项,施工部分只有274条。比304条少了30条。这样不断对《工程建设标准强制性条文》内容进行完善和改进,将逐步形成我国的工程建设技术法规体系,与国际贯例接轨。

(3)《工程建设标准强制性条文》的推出,是保证和提高建设工程质量的重要环节。强制性条文批准颁布实施,并明确了《条文》是参与工程建设活动各方执行和政府监督的依据;《条文》必须严格执行,如不执行,政府主管部门应按照《条例》规定,给予相应的处罚。造成工程质量事故的,还要追查有关单位和责任人的责任。并发布了《工程建设强制性标准实施监督管理规定》,用部门规章的形式规定下来。

(4)建立以验收规范为主体的整体施工技术体系(支撑体系),以保证本标准体系的落实和执行。

这样就使工程建设技术标准体系有了基础,发挥了全行业的力量,都来为建设工程的质量而努力,从而达到用全行业的力量共同来搞好工程质量。这也使行业得到了进一步的发展。

10. 什么是《质量验收规范》的支持体系?

《建筑工程施工质量验收规范》的贯彻落实,光靠验收规范本身是不行的。以往规范、标准都是单独的执行,互相交叉平行、矛盾、互不支持,执行很困难。《建筑工程施工质量验收规范》的修订,改变了以往的作法,只制订了质量指标,而操作工艺,试验方法都靠别的规范支持。这样就是一个标准体系在联合起作用。

本标准规范体系的落实和执行,还需要有关标准的支持,支持体系示意见图2。

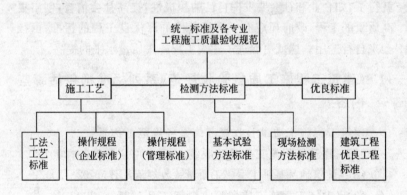

图2 工程质量验收规范支持体系示意图

这个支持体系与以往不一样的是,通过建筑工程施工质量验收系列标准的出台,将原来的《验评标准》和《施工规范》体系废除,但单独的一个质量验收系列也是不行的,落实贯彻这个系列规范,必须建立一个全行业的技术标准体系。这个体系主要有三个方面的内容:

(1)施工工艺。质量验收规范必须有企业的企业标准作为施工操作、上岗培训、质量控制和质量验收的基础,来保证质量验收规范的落实。

(2)检测方法标准。施工企业通过自身施工工艺的编制、研究和不断改进,使企业的技术管理工作具体化、规范化,充分发挥了技术人员、操作人员,管理人员的积极性。也使施工质量验收规范的贯彻落到实处。要达到有效控制和科学管理,使质量验收的指标数据化,必须有完善的检测试验手段、试验方法和规定的设备等,才有可比性和规范性。

(3)评优良标准。这些检测方法、规程是多种多样的,在一个规范中是规定不了的,必须依靠专门的国家、行业的标准。以往对这方面重视不够,这次质量验收规范强调了这方面的作用,并分为基础试验、施工试验和竣工抽样检测三个方面,采取不同的措施,以保证检测的规范性和可比性。国家政府管理是最基本的,质量合格就行了,如企业和社会要发挥自己的积极性,提高社会信誉,创出更高质量的工程,政府还应有一个推荐性的评优良工程的标准,由社会来自行选用。这就更促进了建筑工程施工质量水平的提高。

11.《建筑工程施工质量验收规范》系列标准都包括哪些内容?

建筑工程施工质量验收规范体系各规范名称是:
(1)《建筑工程施工质量验收统一标准》GB 50300—2001;
(2)《建筑地基基础工程施工质量验收规范》GB 50202—2002;
(3)《砌体工程施工质量验收规范》GB 50203—2002;
(4)《混凝土结构工程施工质量验收规范》GB 50204—2002;
(5)《钢结构工程施工质量验收规范》GB 50205—2002;
(6)《木结构工程施工质量验收规范》GB 50206—2002;
(7)《屋面工程质量验收规范》GB 50207—2002;
(8)《地下防水工程质量验收规范》GB 50208—2002;
(9)《建筑地面工程施工质量验收规范》GB 50209—2002;
(10)《建筑装饰装修工程质量验收规范》GB 50210—2001;
(11)《建筑给水排水及采暖工程施工质量验收规范》GB 50242—2002;

（12）《通风与空调工程施工质量验收规范》GB 50243—2002；
（13）《建筑电气工程施工质量验收规范》GB 50303—2002；
（14）《电梯工程施工质量验收规范》GB 50310—2002；
（15）《智能建筑工程质量验收规范》GB 50339—2003；
（16）《燃气管道安装工程施工质量验收规范》（暂缺）。

12. 验收规范本身的重大修改内容主要有哪些？

（1）验收规范的技术标准中增加了一定比例的质量管理内容，除了前边讲的基本规定、一般规定的内容外，第 3.0.1 条的验收内容，是确保工程质量，保证工程顺利进行，提高工程管理水平和经济效益的基础工作。附录 A 表由施工单位现场主管人员填写，实际是提醒施工人员核查施工管理的软件情况，不能像以往那样施工前盲目上马施工。附录 A 表由总监理工程师检查，签字认可，目的是检查施工单位做好施工前的准备工作。监理单位开工的首要工作就是检查附录 A 表中规定的内容，为监理工作开好头。也为今后的继续质量监督工作打下良好基础。

（2）在建筑工程质量验收的划分上，增加了子单位工程、子分部工程和明确了检验批。原《建筑安装工程质量检验评定统一标准》GBJ 300—88，质量验收的划分只有单位工程、分部工程和分项工程。这次质量验收规范的编制，结合建筑工程的单位工程规模大和施工单位专业化的实际情况，为了大型单体工程能分期分批验收，及早形成固定资产投入使用，提高社会投资效益，一个单位工程可将能形成独立使用功能的部分作为一个子单位工程验收。只要能满足使用要求，一个单位工程可分为几个子单位工程分期验收。

同时，由于工程体量的增大，工程复杂程度的增加，参与建设的专业公司不断增多，增加了子分部工程的验收，就是按材料种类、施工特点、施工程序、专业系统及类别等，将能形成验收质量指标的部分，对工程质量做出评价，既及时得到质量控制，又给承担施工单位做出评价。在子分部工程评价指标中，增加了资料核查和观感质量的验收,并将竣工质量的抽查检测工作,凡能在分部(子分部)工程中检测的尽量放在分部(子分部)工程中检测。这是对该施工单位的总体评价。对其来讲,相当于竣工验收。实际是将竣工验收的一些内容提前了,有利于质量控制。

检验批的提出。原"验评标准"中只有分项工程,但一个分项工程分为几次的分批验收,没有一个明确的说法,致使在叙述时,经常发生混淆。如一个6层砖混结构的主体分部工程有砌体分项、钢筋分项、混凝土分项、模板分项等,如砌体分项,每层验收一次,计验收6次,每次都为砌体分项工程。在"验评标准"只好将前边的砌体分项工程称为分项工程名称,后边的6个验收批叫分项工程。在参照产品检验分批做法的基础上,这次修订时,将原分项工程名称就确定为分项工程,对分层验收的分项工程明确为检验批,将一个分项工程分为几个检验批来验收,这样层次就分清了。

(3) 检验批只设2个质量指标,主控项目和一般项目。原"验评标准"的分项工程设有保证项目、基本项目和允许偏差项目三个指标。其重要程度依次降低,由于允许偏差项目排在最后,就认为是最不重要的检验项目。执行中有的将其不重视,有的又将其作为合格、优良的重要依据。实际情况是允许偏差项目中,有重要的,也有次要的,如柱、墙的垂直度,轴线位移,标高等,对工程的结构质量有重大影响,应严格控制。再就是允许偏差70%合格、90%优良,给工程质量造成了不可忽视的漏洞。检验批改为2个质量指标后,可将影响结构安全和重要使用功能的允许偏差列入主控项目,必须达到规定指标;多数放在一般项目,给予控制,并列出极限指标,一般为1.5倍,且每个检查项目只能有20%的检查点超出,不能无限制超标。对一些次要的项目,可放入企业标准去控制,充分发挥企业的积极性。

(4) 增加了竣工项目的见证取样检测和结构安全和功能质量的抽测项目。见证取样的项目范围国家已有规定。按建设部建建[2000]211号文规定,见证取样送检的项目为:

① 用于承重结构的混凝土试块；
② 用于承重墙体的砌筑砂浆试块；
③ 用于承重结构的钢筋及连接接头试件；
④ 用于承重墙的砖和混凝土小型砌块；
⑤ 用于拌制混凝土和砌筑砂浆的水泥；
⑥ 用于承重结构的混凝土的外加剂；
⑦ 其他。其项目范围方法都为基础试验方法，验收规范中只是规定了见证取样和送检。

对竣工抽测项目是新增加的，在分部（子分部）、单位（子单位）工程中核查和抽测，项目由各分部（子分部）工程提出，有的在分部（子分部）验收时就进行了检查和抽测，到单位（子单位）工程时就是核查了，个别项目也可到单位（子单位）工程时抽测。这些措施是增加工程质量验收的科技含量，提高验收的科学性，也是真实反映工程质量的必要验收手段，落实"完善手段"的要求。这些项目已在《建筑工程施工质量验收统一标准》GB 50300—2001 附表G.0.1-3中列出。各分部（子分部）工程中，也给予明确。

这些项目有了，但试验方法有的不统一，有待今后进一步改进。

（5）增加了施工过程工序的验收。以往对一些过程工序质量只进行一般查看，由于其不是工程的本身质量，不列入验收内容。这些项目在以往的验收中，在一定程度上给予弱化。实际这些项目对工程质量影响很大，有的是直接的，有的是间接的，但其影响都很重要，这次"质量验收规范"都将其列为验收的分项工程或子分部工程，应该按规定进行验收。其主要是：土方工程的有支护土方子分部所含各分项工程，排桩、降水、地下连续墙、锚杆、土钉墙、水泥土桩、沉井与沉箱、钢及钢筋混凝土支撑等。作为基础工程的子分部工程来验收。钢筋混凝土工程的模板工程，也作为分项工程来验收。电梯工程的设备进场验收，土建交接检验等项目也作为分项工程来验收。对保证工程质量有重要作用，施工单位必须把这些项目的工程质量搞好。对这些项目的验收，也有利于分清质量责任。

(6) 在工程质量验收过程,落实了工程质量的终身责任制,有了很好的可追溯性。单位工程验收签字的单位和人员,与国家颁发的工程质量竣工验收备案文件的规定一致,建设单位、监理单位、施工单位、设计单位、勘察单位。其代表人是建设单位的单位(项目)负责人,监理单位的总监理工程师,施工单位的单位负责人(或委托人),设计单位的单位(项目)负责人及勘察单位的单位(项目)负责人。通常这些单位的公章和签字的负责人应该与承包合同的公章和签字人相一致。分部(子分部)工程验收签字人,有监理单位的应由监理单位的总监理工程师代表建设单位签字验收;地基基础设计单位、分部(子分部)还有勘察单位(项目)负责人签字,主体结构分部(子分部)有设计的单位(项目)负责人签字。施工单位、分包单位应对承包的所有工程由项目经理来签字。检验批、分项工程的验收分别由施工单位的项目专业质量、项目专业技术负责人进行检查评定,监理单位的监理工程师签字验收。这样各个层次的施工质量负责人和质量验收负责人都比较明确,谁签字谁负责,便于层层追查,责任层层落实,落实到具体人员。

在验收过程中规定,必须是施工单位先自行检查评定合格后,再交付验收,检验批、分项工程由项目专业质量检查员,组织班组长等有关人员。按照施工依据的操作规程(企业标准)进行检查、评定,符合要求后签字,交监理工程师验收。分项工程由专项项目技术负责人签字,然后交监理工程师验收签认。对分部(子分部)工程完工后,由总承包单位组织分包单位的项目技术负责人,专业质量负责人,专业技术负责人,质量检查员,分包单位的项目经理等有关人员进行检查评定。达到要求各方签字,然后交监理单位进行验收。监理单位应由总监理工程师组织专业监理工程师、总承包单位、分包单位的技术、质量部门负责人、专业质量检查人员、项目经理等人员进行验收。地基基础还应请勘察单位参加。总监理工程师认为达到验收规范的要求后,签字认可。分部(子分部)工程质量验收内容包括:所含检验批、分项工程的验收都必须合格。质量控制资料完整,安全和检验(检测)报告,核查及抽测项目的抽测结果情况,以及观感质量验收结果符合规范要求。

(7) 不合格工程的处理更加明确了。这是与《建筑安装工程质量检验评定统一标准》GBJ 300—88 比较来讲的。当建筑工程质量不符合要求时应进行处理,多数是发生在检验批,也有可能发生在分项或分部(子分部)工程。对不符合要求的处理分为五种情况。

① 经返工重做或更换器具、设备的,应重新进行验收;

② 当不符合验收要求,须经检测鉴定时,经有资格的检测单位检测鉴定能够达到设计要求的检验批,应予以验收;

③ 经有资格检测单位检测鉴定达不到设计要求,但经原设计单位核算,认可能够满足结构安全和使用功能的检验批,由原设计单位出具正式核验证明书,由设计单位承担责任,可予以验收。以上三款都属于合格验收的项目。

④ 不符合验收要求,经检测单位检测鉴定达不到设计要求,设计单位也不出具核验证明书的,经与建设单位协商,同意加固或返修处理,事前提出加固返修处理方案,按照方案经过加固补强或返修处理的分项、分部工程,虽改变外形尺寸,但仍能满足结构安全和使用功能,可按技术处理方案或协商文件进行验收。这是有条件的验收。这对达不到验收条件的工程,给出了一个处理出路,因为不能将有问题的工程都拆掉。这款应属于不合格工程的验收。工业产品叫让步接受。

⑤ 经过返修或加固处理仍不能达到满足结构安全和使用要求的分部工程、单位工程(子单位工程),不能验收。尽管这种情况不多,但一定会有的,这种情况严禁验收,这种工程不能流向社会。

(8) 抽样方案的提出,《建筑工程施工质量验收统一标准》GB 50300—2001 第 3.0.4 条、第 3.0.5 条对检验批质量检验时,抽样方案提出了原则要求。固定按一个百分率抽样的方案不科学,由于母体数量大小不一,按一个固定的百分率来抽样,其判定合格的结果差别较大,没有可比性,不少专家提出了很好的意见。由于建筑工程各检验批的情况差别较大,很难使用某种抽样方案,故在统一标准中,提出了常用的抽样方案,供各专业质量验收规范编写时选用,这就是计量、计数或计量计数抽样方案;一次、二次或多次抽样方案;调整型抽样方案;全数抽样方案;以及经验抽样方案等。并且提出了对生产方风险(或错判概率)和使用方风险(或漏判概率)的原则要求。这些抽样方案在验收规范中都不同程度分别采用了,但对各检验批来讲,在各专业质量验收规范中没有广泛采用。多数在一些项目中采用了全数检验方案和经验抽样方案。

13.《建筑工程施工质量验收规范》系列标准的适用范围是什么?

原"验评标准"的适用范围为工业与民用建筑工程和建筑设备安装工程。

《建筑工程施工质量验收规范》的适用范围是建筑工程施工质量的验收,不包括设计和使用中的质量问题。包括建筑工程的地基基础、主体结构、装饰工程、屋面工程,以及给水排水及采暖工程、电气安装工程、通风与空调工程及电梯工程。另外,还包括弱电部分,即智能建筑。由于协调不及时,暂时房屋中的燃气管道安装工程质量验收还没有制订出来。

《建筑工程施工质量验收统一标准》的内容包括两部分:

第一部分规定了房屋建筑工程各专业工程施工质量验收规范编制的统一准则。为统一房屋建筑工程各专业施工质量验收规范的编制,对检验批、分项、分部(子分部)、单位(子单位)工程的划分、质量指标的设置和要求、验收程序和组织提出了原则的要求,以指导本系列规范的编制,掌握内容的繁简,质量指标的多少、宽严程度等,使系列规范能够比较协调。

第二部分是直接规定了单位工程(子单位工程)的验收。从单位(子单位)工程的划分和组成、质量指标的设置到验收程序和组织都做了具体规定。所以《建筑工程施工质量验收规范》系列标准包括统一标准和各专业工程质量验收规范,必须配合使用。各专业工程质量验收规范,分别规定的是检验批、分项工程和分部(子分部)工程的质量验收内容、程序和组织;统一标准规定在各检验批、分项、分部(子分部)验收合格的基础上,对单位(子单位)工程质量验收的内容、程序和组织。系列规范共同来完成一个单位(子单位)工程的质量验收。

《建筑工程施工质量验收规范》系列标准编制,是在原《验评标准》、《施工规范》的基础上,将两者合一而成的,将两者中的质量验收部分,集中优化组合而成,既不是原《验评标准》,也不是原《施工规范》,并且《质量验收规范》颁布实行以后,前两者将予以作废。所以讲这是一个新的质量验收规范体系。这个验收规范的编写依据有《中华人民共和国建筑法》、《建设工程质量管理条例》、《建筑结构可靠度设计统一标准》及其他有关规范的规定等。同时,强调本系列各专业质量验收规范必须与本统一标准配套使用。

此外,建筑施工所用的材料及半成品、成品,对其材质及性能要求,要依据国家和有关部门颁发的技术标准进行检测和验收;并参考了一些施工工艺和尚未纳入国家的规范和标准的规定。因此说,本系列标准的编制依据是现行国家有关工程质量的法律、法规、管理标准和工程技术标准编制的。

在执行统一标准时,必须同时执行相应的各专业质量验收规范,统一标准是规定质量验收程序及组织和单位(子单位)工程的质量验收指标;相应标准是各分项工程质量验收指标的具体内容,因此应用标准时必须相互协调,同时满足二者的要求。各分项工程验收的具体方法见各专业质量验收规范。

14. 原来为"建筑安装工程",而现在为"建筑工程"有什么说法?

原"建筑安装工程质量检验评定标准",包括建筑工程和建筑设备安装工程两部分。建筑工程包括地基基础、主体结构、门窗、装饰及屋面工程;建筑设备安装工程包括建筑给水排水采暖及煤气工程,建筑电气安装工程,通风空调工程,电梯安装工程等。《建设工程质量管理条例》2000年1月公布后，其第一章第二条将建设工程规定为土木工程、建筑工程、线路管道和设备安装工程及装修工程四大类。"条例释义"中介绍"建筑工程"包括原来"建筑安装工程"中的全部内容，即建筑工程就等于原来的建筑安装工程。

为了与建设工程质量管理条例保持一致，不致引起误会，这次修订中，就改为"建筑工程质量验收规范"。而对其中称为"建筑工程"的部分改为建筑与结构（通常工地上称土建部分），其建筑设备安装部分也不再提了，直接是什么就叫什么名称，如给水排水、电气等。

15. 原来为"工程质量"，这次修订改为"工程施工质量"有什么意义？

原《建筑安装工程质量检验评定标准》所讲的工程质量，他的内涵比较模糊，工程质量既包括设计，也包括施工。但实际上对设计质量是管不到的，而在那个时候又不能不说不包括设计质量。《建设工程质量管理条例》的颁发，将这个问题说明白了，设计文件的质量由施工图设计文件审查机构负责，有审图机构的审查报告和管理部门审查批准书的施工图设计文件，才能交付施工否则就是违法的。所以，这次修订的建筑工程质量验收规范的内容，就为施工质量了。不再包括设计质量在内，为了表明这一点，将规范的名称明确为"施工质量验收规范"。这就将工程质量的责任更进一步明确了。改为"工程施工质量"，质量责任就落到了实处。统一标准正式名称为《建筑工程施工质量验收统一标准》，同时，在建筑地基基础工程、砌体工程、混凝土结构工程、钢结构工程、木结构工程、给排水及采暖工程、通风与空调工程、建筑电气工程、电梯工程等验收规范，都明确"施工质量"。但也放宽了有些工程，由于其施工本身也还含有一定的施工设计内容，故没有加"施工"两个字，如建筑装饰装修工程、屋面工程、地下防水工程、智能建筑工程等。总的讲，这次修订后的质量验收规范就是施工质量验收规范，不包括设计质量在内。

16. 为什么这次修订的质量验收规范,都将第二章列为术语?

在这次质量验收规范修订过程中,从统一标准到每个专业验收规范都增加了第二章术语。目的有三个:

一是为了使一些常讲的术语付于其统一的含义,以便使大家理解一致,不产生歧义,不会使其因理解不一而产生分歧;

二是在术语中给予较准确的解释,在别的地方,就不必再叙述其含义或内容,只将术语直接写出来,就代表那些含义了。这样会减少规范的篇幅,做到规范语言简练;

三是统一了验收规范的格式,使大家都统一了,不致造成有的规范有术语,有的又没有,这样较统一。

另外,主要说明的是,这些术语只在本验收规范系列内通用。用在别的地方只能参考使用。

17. 为什么新的质量验收规范设置第三章基本规定?

这一章是这次"验收规范"修订的重要改进,增加这一章有三个目的。第一是为了统帅整个"验收规范",将其中的重要思路给予明确,对保证质量验收的有关方面,提出要求;第二是提出了全过程进行质量控制的主导思路;第三是将检验批的检验项目抽样方案给予了原则提示。

(1) 规定了整个"验收规范"的基本要求

《建筑工程施工质量验收统一标准》GB 50300—2001 第3.0.3条提出了"建筑工程施工质量应按下列要求进行验收"。并作为强制性标准条文(具体应用后边讲解),其中 10 款规定将验收过程的重要要求和事件,都给作了原则规定;

(2) 提出了全过程质量控制的思路,并贯穿"验收规范"的始终

过程控制是依据工程质量的特点而制订的,这次"验收规范"修订中,将控制落实在四个层次上。

首先在基本规定中,提出了原则要求。《建筑工程施工质量验

收统一标准》GB 50300—2001 第3.0.1条针对施工现场提出了四项要求,一是有相应的施工技术标准,即操作依据,可以是企业标准、施工工艺、工法、操作规程等,是保证国家标准贯彻落实的基础,所以这些企业标准必须高于国家标准、行业标准;二是有健全的质量管理体系,按照质量管理规范建立必要的机构、制度,并赋予其应有的权责,保证质量控制措施的落实。可以是通过ISO 9000系列认证的,也可以不是通过认证的,为了有可操作性,起码要满足附录A表的要求。三是有施工质量检验制度,包括材料、设备的进场验收检验、施工过程的试验、检验,竣工后的抽查检测,要有具体的规定、明确检验项目和制度等,重点是竣工后的抽查检测,检测项目、检测时间、检测人员应具体落实;四是提出了综合施工质量水平评定考核制度,是将企业资质、人员素质、工程实体质量及前三项的要求等,形成的综合效果和成效。包括工程质量的总体评价,企业的质量效益等。目的是经过综合评价,不断提高施工管理水平。

附录A表提出了"施工现场质量管理检查记录表",这是有可操作性的施工现场当前质量管理体系的主要内容。

第二,加强工序质量的控制是落实过程控制的基础。工程质量的过程控制是有形的,要落实到有可操作的工序中去。这次验收规范的编写充分考虑了这一点。《建筑工程施工质量验收统一标准》GB 50300—2001 第3.0.2条中具体有三项内容:材料质量、工序检查和专业工种交接检验。

① 加强了材料、设备的进场验收

对主要材料、半成品、成品、建筑构配件、器具和设备规定了进场验收,规定了三个层次把关,一是上述物资凡进入现场,都应进行验收,对照产品出厂合格证和订货合同逐项进行检查,检查应有书面记录和专人签字,未经检验或检验达不到规定要求的,不得进入现场。二是凡涉及安全、功能的有关产品,应按相关专业工程质量验收规范的规定进行复验,在进行复验时,其批量的划分、试样的数量抽取方法、质量指标的确定等,都应按有关产品相应的产品标准规定进行。三是不经监理工程师检查认可签字,不得用于工程。

② 加强工序质量的控制

对工序质量在编制过程中,提出了"三点制"的质量控制制度。一是建立控制点。按工序的工艺流程,在各点按施工技术标准进行质量控制,称为控制点,即将工艺流程中的能检查的点,提出控制措施进行控制,使工艺流程中的每个点在操作中都达到质量要求。二是检查点。在工艺流程控制点中,找比较重要的控制点,进行检查,查看其控制措施的落实情况,措施的有效情况,以及对其质量指标的测量,看其数据是否达到规范规定。这种检查不必停止生产,可边生产边检查。检查点的检查,可以是操作班组、专业质量检查员、监理工程师等,可做记录,也可不做。班组可将这些数据作为生产班组自检记录。以说明控制措施的有效性和控制的结果,专业质量检查人员也可作为控制数据记录。三是停止点。就是在一些重要的控制点和检查点进行全面检查,凡是能反映该工序质量的指标都可以检查和检验,这种检查可以是生产班、组自检,专职项目专业质量检查员认可,也可以是专职项目专业质量检查员自行检查。在检查时要停止生产或生产告一段落,检查完成应填写规定的表格,可作为生产过程控制结果的数据,也可能是检验批中的检验数据,填入检验批自行检验评定表。

这样对工序质量的控制就比较完善了,如果认真按规定执行,工序质量是会得到控制的。

(3) 各工序完成之后或各专业工种之间,应进行交接检验

绝大多数是工序施工完成,形成了检验批,也有一些不一定形成检验批。但为了给后道工序提供良好的工作条件,使后道工序的质量得到保证,同时经过后道工序的确认,也为前道工序质量给予认可,促进了前道工序的质量控制。既使质量得到控制,也分清了质量责任,促进了后道工序对前道工序质量的保护。所以,应该形成记录,并经监理工程师签字认可。这样既能保证交接工作正确执行标准,符合规范规定,又便于对发生质量问题的责任分清,

防止发生不必要的纠纷。

(4) 对检验批的验收提出了抽样方案的建议

《建筑工程施工质量验收统一标准》GB 50300—2001 第 3.0.4、3.0.5 条提出了抽样方案选择和风险概率的原则规定。

抽样方案,对检验批的合格判定至关重要,但由于工程质量的特殊性,抽样方案母体的规律性差,抽样方案的选择难度大,又由于各专业质量"验收规范"的情况不同,用同一种方法是不可能的,故提出了有五个类型的抽样方案,供选择;同时,还提出了风险概率的参考数据。对主控项目的错判概率 α、漏判概率 β 控制在 5% 以内;对一般项目错判概率 α 控制在 5% 以内,漏判概率 β 控制在 10% 以内,抽样的方案是:

(1) 计量、计数或计量计数等抽样方案;

(2) 一次、二次或多次抽样方案;

(3) 调整型抽样方案;

(4) 全数检验方案;

(5) 经实践检验有效的抽样方案。

这些抽样方案在验收规范中,都不同程序的使用了。

18.《建筑工程施工质量验收统一标准》GB 50300—2001 第 3.0.1 条中提出的"施工现场"是什么含义?

质量验收是对工程项目而言,为了加强工程项目质量的控制,对工程项目的现场质量保证条件,提出一定的要求是应该的。但我国现在的情况是施工量较大,几个工程项目在一个施工现场的情况较普遍,尤其是住宅小区的建设更是这样。为了减少现场质量保证条件检查的工作量和次数,一个施工单位施工的工程项目,只要在一个施工现场,不论几个工程项目检查一次就行了。如果是一个施工现场,只有一个工程项目,那检查的就是工程项目了。

为了对施工现场质量保证条件检查,能比较一致,《建筑工程施工质量验收统一标准》GB 50300—2001 第 3.0.1 条提出了统一的要求,即施工现场质量管理应有相应的施工技术标准、健全的质量管理体系、施工质量检验制度和综合施工质量水平评定考核制度。有了这些基本质保条件,质量控制就有了基本保证。

相应的是指有针对性,这个施工现场、工程项目施工需要的,不是所有的,现场也不需要将所有东西都搬到现场来。即现场需要的主要措施制度是:

(1)相应的施工技术标准,包括二个部分,一是工程项目所需要的国家质量验收规范,施工现场必须配备,要经常对照检查工程质量;二是保证这些质量验收规范落实的操作工艺、企业标准等。企业标准是一个企业技术管理的基础,是企业技术水平的见证资料。

(2)健全的质量管理体系,是指必要的基本的有关质量管理制度、质量保证措施、检查落实的措施、检测工具等内容,为了检查的方便和统一,防止不必要误解和分歧,统一标准用附录 A 的形式,给出了一个列出各项内容的检查记录表,按其检查记录就行了。

(3)施工质量检验制度,质量检验制度包括三个方面的内容:一是原材料、设备的进场检验和使用前的抽样检验制度,这是每个施工企业应该有的基本制度,就将企业的制度拿来就行了,不必要重新制订。二是施工过程的质量控制检验制度,企业也是有的,将企业的这些制度拿来,针对工程项目的特点,指出执行的重点,也就可以了。三是工程的竣工抽样检测,这是验证性的质量核验检测,不同的工程项目,内容不一样。就是同样的工程,由施工企业水平,监督单位和建设单位要求的不同,检测的内容时间、抽测点的数量,以及有关费用的确定等,也是不同的。需要针对工程项目的特点,监理、建设单位的要求等,制订出一个包括抽测项目、检测时间、检测单位等在内的一个竣工抽样检测的计划来。这个计划可以是单独做一个,也可以在施工组织设计中单独作为一个问题写出。

综合施工质量水平评定考核制度,是指加强施工质量控制的后评估。在施工初期制订的制度、措施，执行的情况如何，在工程竣工后，对照工程质量返回来检查，原先判定的措施、技术工艺等，哪些是有效的；哪些效果不大，需要研究改进的；哪些没有效，需要研究取消的。

建立这样的制度，不断改进施工的技术管理，不断提高工程质量，这就是综合施工质量水平评定考核制度。这是企业提高管理水平的一个正确道路，是一个企业不断完善、不断改进、不断发展的一个自我完善的方法。只要坚持这样做了，必定会有好处。

这也是这次修订质量验收规范的一个特点，技术标准中增加了管理的内容，但管理的内容又不能占的篇幅过大，所以，只能原则性给予提示，提出一个管理的框架，具体内容由各企业自己去考虑。这也体现了给企业发展留下余地的设想。

19. 验收规范中规定了哪些施工质量控制的内容？

《建筑工程施工质量验收统一标准》GB 50300—2001 第3.0.2条将施工过程中最基础的质量控制要求做了规定。

第一、是对施工中使用的主要材料、半成品、成品、建筑构配件、器具和设备的质量控制，这是生产前的质量控制。按照《建筑结构可靠度设计统一标准》第八章质量控制要求，对施工过程材料和构件质量控制提出的要求，采取对进场材料进行进场验收。二是合格控制，在交付使用前，应根据规定的质量检验标准，对材料和构件进行合格性验收，保证其质量符合要求。第8.0.7条对材料和构件的质量控制提出了两种控制。一是生产控制，在生产过程中，应根据规定控制标准，对材料和构件的性能进行经常性检验，及时纠正偏差，保证生产过程中质量的稳定性。在《建筑工程质量管理条例》中，对原材料的控制也提出了要求。第二十九条规定，施工单位必须按照工程设计要求、施工技术标准和合同约定，对建筑材料、建筑构配件、设备和预拌混凝土进行检验，检验应当有书面记录和专人签字，未经检验或检验不合格的，不得使用。第三十七条也规定，未经监理工程师签字，建筑材料、建筑构配件和设备不得在工程上使用或者安装。施工单位不得进行下一道工序的施工。这是把好工程质量的第一关。

第二、对各道工序提出了按施工技术标准进行质量控制,每道工序完成后,应进行检查。《建筑结构可靠度设计统一标准》GB 50068—2001第八章质量控制要求,第8.0.5条规定,为进行施工质量控制,在各工序内应实行质量自检,在各工序间应实行交接质量检查。对工序操作和中间产品的质量,应采用统计方法进行抽查;在结构的关键部位应进行系统检查。《建设工程质量管理条例》第三十条规定施工单位必须建立健全施工质量的检验制度,严格工序管理,作好隐蔽工程的检查和记录。隐蔽工程在隐蔽前,施工单位应通知建设单位和建设工程质量监督机构。第三十七条规定,未经监理工程师签字,建筑材料、建筑构配件和设备不得在工程上使用或者安装,施工单位不得进行下一道工序的施工。

在整个《建筑工程施工质量验收规范》系列中,都将每道工序作为施工质量验收的基础。施工单位要将每道工序的质量施工到合格,经过自行检查评定,达到验收规范规定的质量要求后,再交给监理(或建设)单位进行验收。使工序质量的生产合格验收规范化了。

第三、相关各专业工种之间,应进行交接检验,并形成记录。未经监理工程师检查认可,不得进行下道工序施工。

这样,就将材料进场控制、工序生产控制和验收控制,以及工序交接控制的主要环节,进行了全面的质量控制。

20.《建筑工程施工质量验收统一标准》GB 50300—2001 第3.0.3条为什么作为强制性条文?

《建筑工程施工质量验收统一标准》GB 50300—2001第3.0.3条规定了整个"验收规范"的基本要求。是为保证建筑工程施工质量验收的全过程,都应按有关规范进行验收,遵守验收过程的有关规定,执行有关条文,使建筑工程施工质量验收的全过程做到规范化,达到验收结果可比性强。所以3.0.3条就将验收过程的主要事情、环节和要求提出来,以强制性条文的形式将其固定下来,在整个验收过程中,必须遵守这些规定,来规范整个验收过程的活动。正如条文所述,从十个方面提出要求。如果验收过程都执行了这些规定,验收的程序就能做到基本正确,其验收结果也有较好的可比性。请在贯彻验收规范过程中,注意这些条款的落实执行。其规定的主要内容如下:

(1) 规定了统一标准和施工质量相关专业验收规范配套使用,整个验收规范是一个整体;共同来完成一个单位(子单位)工程质量的验收。

(2) 规定了本系列验收规范是施工质量验收,施工要按图施工,满足设计要求,体现设计意图,设计文件是由建设意图变为图纸是创造;施工是由图纸变为实物,即由精神变物质,是再创造;同时,又规定要满足工程勘察的要求,施工组织设计总平面规划、地下部分的施工方案等要参照工程勘察结论来进行。

(3) 参加施工质量验收的人员必须是具备资质的专业技术人员,为质量验收的正确提出基本要求,来保证整个质量验收过程的质量。

(4) 提出了施工质量验收重要程序,施工企业先自行检查评定,符合要求后,再交给监理单位验收的程序。分清生产、验收两个质量责任阶段,将质量落实到企业,谁生产谁负责。

(5) 施工过程的重要控制点,隐蔽工程的验收,应与有关方面人员共同验收作为见证,共同验收确认,并形成验收文件,供检验批、分项、分部(子分部)验收时备查。

(6) 见证取样送检,是当前一个时期加强工程质量管理的一项重要举措,建设部以部门规章做了具体规定,这里给予体现。

(7) 检验批的质量按主控项目、一般项目验收,进一步明确了具体质量要求,避免引起对质量指标范围和要求的不同。

(8) 对涉及结构安全和使用功能的重要分部工程应进行抽样检测。这也是这次规范修订的重大改进,对工程的一个步骤完成后,进行成品抽测,这种检测是非破损或微破损检测,是验证性的检测。当一种检测方法检测结果,对工程质量有怀疑时,可用另一种方法进行,不到确有必要时,不宜进行半破损、破损检测。

(9) 承担见证取样检测及有关结构安全检测的单位应具有相应资质。这是保证见证取样检测、结构安全检测工作正常进行,数据准确的必要条件。特别是对竣工后的抽样检测,更为重要。

(10) 工程的观感质量应由验收人员通过现场检查,并应共同确认。这是一种专家评分共同确认的评价方法。但人员应符合第三款的规定。以保证观感检查的质量。

21.《建筑工程施工质量验收统一标准》GB 50300—2001 第3.0.3条作为强制性条文如何贯彻落实?

《建筑工程施工质量验收统一标准》GB 50300—2001 第3.0.3条提出了"建筑工程施工质量应按下列要求进行验收",作为强制性条文,用10个方面规定了验收过程的重要要求和事件。只要实现了这些要求,验收就能得到基本保证。

为了搞好建筑工程质量的验收,对建筑工程质量验收规范从编写到应用,对一些重要环节和事项提出要求,以保证工程质量验收工作的质量。所以,这一条是对建筑工程质量验收全过程提出的要求,包括各专业质量验收规范,其要求体现在各程序及过程之中。是保证建筑工程质量正确验收,提高其验收结果可比性的重要基础。

这一条是对整个建筑工程施工质量验收而设立的、面广、宏观,对贯彻其所采取的措施就更宏观了,在贯彻落实中应执行,统一标准本身应执行,各专业规范也应执行。在一定意义上,本条本身就是一个贯彻落实建筑工程施工质量验收规范,保证建筑工程施工质量验收质量的措施。同时,为保证本条这些规定的贯彻落实,提出一些相应的措施。

落实措施方法较多,主要是将条文的涵义弄清楚,措施制订好,落实到实处,使强制性条文的规定得到实现。下面举两例说明。

例一,将条从释义、措施、检查、判定四个方面来逐条落实。

【释义】

这款有三个层次的问题。一是一个建筑工程施工质量验收由统一标准和相关专业的质量验收规范共同来完成,统一标准规定了各专业标准的统一要求,同时,规定了单位工程的验收内容,就是说单位工程的验收由统一标准来完成。检测批、分项、子分部、分部工程由各专业质量验收规范分别完成。这个验收规范体系是一个整体;二是建筑工程质量验收其质量指标是一个对象只有一个标准,没有别的标准的要求。施工单位施工的工程质量应达到这个标准。建设单位应按这个标准来验收工程,不应降低这个标准。三是这个规范体系只是质量验收的标准,不规定完成任务的施工方法,这些方法要靠施工企业自行制订,尽管质量指标是一个,但完成这个指标的方法是多种多样的,施工企业可去自由发挥。

【措施】

这款的落实措施重点强调这是一个系列标准,一个单位工程的质量验收,是由统一标准和相关专业验收规范共同来完成的,在《建筑工程施工质量验收统一标准》第一章总则中已明确了,第1.0.2条、1.0.3条说明了这个原则。在各专业验收规范的第一章总则中,都做出了明确规定。这是保证这个系列规范统一协调的基础。同时,其落实措施最具体的是推出检验批、分项工程、分部(子分部)工程、单位(子单位)工程的整套验收记录表格,来具体落实统一标准和各专业验收规范共同验收一个单位工程的质量。

【检查】

检查各项目检验批、分项、分部(子分部)、单位(子单位)工程项目验收的表格、内容、程序等是否按规定进行。保证各项目的验收都符合有系列标准的要求。

【判定】

只要按制订的表格逐步验收,就是正确的。

(2)建筑工程施工应符合工程勘察、设计文件的要求。

【释义】

这条是本系列质量验收规范的一条基本规定。包括二个方面的含义,一是施工依据设计文件进行,按图施工这是施工的常规。勘察是对设计及施工需要的工程地质提供地质资料及现场资料情况的,是设计的主要基础资料之一。设计文件是将工程项目的要求,经济合理地将工程项目形成设计文件,设计符合有关技术法规和技术标准的要求,经过施工图设计文件审查。施工符合设计文件的要求是确保建设项目质量的基本要求。是施工必须遵守的。二是工程勘察还应为工程场地及施工现场场地条件提供地质资料,在进行施工总平面规划,应充分考虑工程环境及施工现场环境,也是对地下施工方案的制订以及判定桩基施工过程的控制效果等判定是否合理,工程勘察报告将起到重要作用。所以,施工也应符合工程勘察的有关建议。

【措施】

实施措施要做到三点:

① 按照《建设工程质量管理条例》落实质量责任制,按图施工是施工企业的重要原则,必须先做好自身的工作,尽到自己的责任。

②制订有修改设计文件的制度和程序,施工中不得随意改变设计文件。如必须改时,应按程序由原设计单位进行修改,并出正式变更手续。

③在制订施工组织设计时,必须首先阅读工程勘察报告,根据其对施工现场提供的地质评价和建议,对工程现场环境有全面的了解,进行施工现场的总平面设计,制订地基开挖措施等有关技术措施,以保证工程施工的顺利进行。

【检查】

检查也应从两个方面进行。一是检查施工过程中,对没有按设计图纸施工的部位及项目是否都有正式的设计变更修改文件。

二是检查在制订"施工组织设计"时是否了解工程勘察报告,其一些排水、布局等方面,符合工程勘察的结论及建议。

【判定】

对受力部位及构件需要修改的都有正式的设计变更文件;在施工组织设计的内容及地下工程方案体现了工程勘察结论及建议,应在施工组织设计审查批准中,进行检查。即为正确。

(3)参加工程质量验收的各方人员应具备规定的资格。

【释义】

这是为保证工程质量验收工作质量的有效措施。因为验收规范的落实必须由掌握验收规范的人员来执行,没有一定的工程技术理论和工程实践经验的人来掌握验收规范,验收规范再好也是没有用的。所以:本条规定验收人员应具备规定的资格。检验批、分项工程质量的验收应为监理单位的监理工程师,施工单位的则为专业质量检查员、项目技术负责人;分部(子分部)工程质量的验收应为监理单位的总监理工程师,勘察、设计单位的单位项目负责人;分包单位、总包单位的项目经理;单位(子单位)工程质量的验收应为监理单位的总监理工程师、施工单位的单位项目负责人,设计单位的单位项目负责人、建设单位的单位项目负责人。单位(子单位)工程质量控制资料核查与单位(子单位)工程安全和功能检验资料核查和主要功能抽查,应为监理单位的总监理工程师;单位(子单位)工程观感质量检查应由总监理工程师组织三名以上监理工程师和施工单位(含分包单位)项目经理等参加。各有关人员应按规定资格持上岗证上岗。

由于各地的情况不同,工程的内容、复杂程度不同,对专业质量检查员、项目技术负责人、项目经理等人员,不能规定死,非要求什么技术职称才行,这里只提一个原则要求,具体的由各地建设行政主管部门规定,但有一点一定要引起重视,施工单位的质量检查员是掌握企业标准和国家标准的具体人员,他是施工企业的质量把关人员,要给他充分的权力,给他充分的独立执法的职能。各企业以及各地都应重视质量检查员的培训和选用。这个岗位一定要持证上岗。

【措施】

其落实措施是当地建设主管部门要有文件做出规定；根据工程的具体情况和本地区的人才情况,在保证工程质量的前提下,规定出相应的施工企业的项目经理、项目技术负责人、质量检查员的资格;监理人员的资格国家及各地已有规定,应按专业持证上岗;在没有委托监理的项目中,建设单位的验收人员应具有相应的资格。当地工程质量监督站应按规定对其进行检查。

【检查】

由各地工程质量监督机构按当地规定,对施工单位工程质量的检查评定人员进行检查核对其资格;检查核对监理人员的资格、专业及证书。对没有委托监理的应按规定检查其自行管理的能力,相当于该项目的监理单位的资质。

【判定】

企业的质量检查员、项目经理及项目技术负责人、单位(项目)负责人;监理单位的监理工程师、总监理工程师及建设单位的相当人员,验收单位的验收人员。主要的有关人员符合当地建设行政主管部门的规定即为正确。

(4) 工程质量的验收均应在施工单位自行检查评定的基础上进行。

【释义】

这款有三个含义。一是分清责任,施工单位应对检验批、分项、分部(子分部)、单位(子单位)工程按操作依据的标准(企业标准)等进行自行检查评定。待检验批、分项、分部(子分部)、单位(子单位)工程符合要求后,再交给监理工程师、总监理工程师进行验收。以突出施工单位对施工工程的质量负责;二是企业应按不低于国家验收规范质量指标的企业标准来操作和自行检查评定。监理或总监理工程师应按国家验收规范验收,监理人员要对验收的工程质量负责;三是验收应形成资料,由企业检查人员和监理单位的监理工程师和总监理工程师签字认可。

【措施】

这款的落实措施应包括三个方面：

① 县级当地建设行政主管部门应有具体规定，明确规定施工单位应有不低于国家标准的具体的操作规定，并按其进行培训交底和具体操作，达到企业规定的质量目标，在检验批、分项、分部（子分部）、单位（子单位）工程的交付验收前，必须自行检查评定，达到企业施工技术标准规定的质量指标（不低于国标质量验收规范），才能交监理（或建设单位）进行验收。

② 施工企业必须制订有不低于国家质量验收规范的操作依据——企业标准，企业标准是经总工程师或企业技术负责人批准，有批准人签字，批准日期、执行日期、有标准名称及编号，在企业标准体系中能查到。按其培训操作人员、进行技术交底和质量检查评定。是保证工程质量通过验收的基础。

③ 当地建设行政主管部门有健全的监督检查制度，对施工单位不经自行组织检查评定合格，或不经检查评定，不执行企业标准和国家质量验收规范，将不合格的工程（含检验批、分项、分部（子分部）、单位（子单位）工程交出验收的，要进行处罚或给予不良行为记录出示。

同时，对监理单位（或建设单位）不按国家工程质量验收规范验收，将达不到合格的工程通过验收，要对监理（或建设）单位进行处罚或给予不良行为记录出示。同时，对达到国家工程质量验收规范而不验收的行为也要给予批评。

以保证工程质量施工企业先检查评定合格，再验收的基本程序的贯彻落实。

【检查】

检查中重点注意二个方面。一是施工企业的操作依据及其执行情况的技术管理制度，施工企业质量控制措施的落实情况，自行检查的程序落实；二是检查监理单位是否是在施工企业自行检查评定合格的基础上进行验收，在检验批、分项、分部（子分部）、单位（子单位）工程等验收表上签字认可。

【判定】

各项验收记录表各方按程序签认了,即为正确。

(5) 隐蔽工程在隐蔽前应由施工单位通知有关单位进行验收,并形成验收文件。

【释义】

这款也是程序规定。施工单位应对隐蔽工程先进行检查,符合要求后通知建设单位、监理单位、勘察、设计单位和质量监督单位等参加验收,对质量控制有把握时,也可按工程进度先通知,然后先行检查,或与有关人员一起检查认可。并由施工单位先填好验收表格,并填上自检的数据、质量情况等;然后再由监理工程师验收、并签字认可,形成文件。监理可以旁站或平行监理,也可抽查检验,这些应在监理方案中明确。

【措施】

这款的落实措施重点是施工企业要建立隐蔽工程验收制度,在施工组织设计中,对隐蔽验收的主要部位及项目列出计划,与监理工程师进行商量后确定下来。这样的好处,一是落实隐蔽验收的工作量及资料数量;二是使监理等有关方面心中有数,到了一定的部位就可主动安排时间,施工单位一通知,就能马上到;三是督促了施工单位必要的部位要按计划进行隐蔽验收。通知可提前一定的间隙,但也应是自行验收合格后,再请监理工程师验收。

【检查】

这款的检查应在审查施工组织设计时就进行检查,检查有没有隐蔽工程验收计划;并应由监理单位来证实;监理单位也应该明确重要部位、重要工序的隐蔽工程的验收,并应与施工单位协商一致,列出自己的计划。

【判定】

有计划,各验收部位监理能及时到场验收,并形成隐蔽工程验收文件,有不少于三方的签认,即为正确。

(6) 涉及结构安全的试块、试件以及有关材料,应按规定进行见证取样检测。

【释义】

这款是为了加强工程结构安全的监督管理，保证建筑工程质量检测工作的科学性、公正性和准确性。建设部以[2000]211号文"关于印发《房屋建筑工程和市政基础设施工程实施见证取样和送检的规定》的通知"，通知对其检测范围、数量、程序都做了具体规定。在建筑工程质量验收中，应按其规定执行。鉴于检测会增加工程造价，如果超出这个范围，其他项目进行见证取样检测的，应在承包合同中做出规定，并明确费用承担方，施工单位应在施工组织设计中具体落实。

文件规定的范围、数量如下：

① 范围：下列试块、试件和材料必须实施见证取样和送检：

A. 用于承重结构的混凝土试块；

B. 用于承重墙体的砌筑砂浆试块；

C. 用于承重结构的钢筋及连接接头试件；

D. 用于承重墙的砖和混凝土小型砌块；

E. 用于拌制混凝土和砌筑砂浆的水泥；

F. 用于承重结构的混凝土中使用的掺加剂；

G. 地下、屋面、厕浴间使用的防水材料；

H. 国家规定必须实行见证取样的送检的其他试块、试件和材料。

② 数量：见证取样和送检的比例不得低于有关技术标准中规定应取样数量的30%。

【措施】

这款的落实措施是：

① 按建建[2000]211号文确定该工程的材料种类和所需见证取样的项目及数量。注意项目不要超出211号文的规定，数量也要按规定取样数量的30%。

② 按规定确定见证人员，见证人员应为建设单位或监理单位具备建筑施工试验知识的专业技术人员担任，并通知施工单位、检测单位和监督机构等。

③ 见证人应在试件或包装上做好标识、封志、标明工程名称、取样日期、样品名称及数量及见证人签名。

④ 见证及取样人员应对见证试样的代表性和真实性负责。见证人员应作见证记录,并归入施工技术档案。

⑤ 检测单位应按委托单,检查试样上的标识和封套,确认无误后,再进行检测。检测应符合有关规定和技术标准,检测报告应科学、真实、准确。检测报告除按正常报告签章外,还应加盖见证取样检测的专用章。

⑥ 定期检查其结果,并与施工单位质量控制试块的评定结果比较,及时发现问题及时纠正。

【检查】

检查有关措施的落实情况,人员选定正确;有见证取样送检的制度;并能落实执行;试验报告内容及程序等正确;有定期试验结果对比资料等。

【判定】

以上检查条款基本做到,即为正确。

(7) 检验批的质量应按主控项目和一般项目验收。

【释义】

这里包括二个方面的含义。一是验收规范的内容不全是检验批验收的内容,除了检验批的主控项目、一般项目外,还有总则,术语及符号、基本规定、一般规定等,对其施工工艺、过程控制、验收组织、程序、要求等的辅助规定。除了黑体字的强制性条文应作为强制执行的内容外,其他条文不作为验收内容。二是检验批的验收内容,只按列为主控项目、一般项目的条款来验收,只要这些条款达到规定后,检验批就应通过验收。不能随意扩大内容范围和提高质量标准。如需要扩大内容范围和提高质量标准时,可在承包合同中规定,并明确增加费用及扩大部分的验收规范和验收的人员等事项。

这些要求既是对执行验收的人员做出的规定,也是对各专业验收规范编写时的要求。

【措施】

这款的落实措施由规范组制订每个检验批验收表,推荐使用。这样全国就比较统一了。

【检查】

检查检验批验收的内容是否与推荐表的内容一致,或就是使用推荐的表。

【判定】

检查使用推荐的表格,或其内容与推荐表格的内容一致,即为正确。

(8)对涉及结构安全和使用功能的重要分部工程应进行抽样检测。

【释义】

这款是这次验收规范修订的重大突破,以往工程完工后,通常是不能进行检测的,按设计文件要求施工完成就行了。以往多是过程中的检查或该工序完成后的检查。但是,有些工序当有关工序完成后很可能改变了前道工序原来的质量情况,如钢筋位置、绑扎完钢筋检查,位置都是符合要求,但将混凝土浇筑完,钢筋的位置是否保持原样,就不好判定了,就需要验证性的检测。还有混凝土强度的实体检测、防水效果检测、管道强度及畅通的检测等,都需要验证性的检测。这样对正确评价工程质量很有帮助。这些项目在分部(子分部)工程中给出,可以由施工、监理、建设单位等一起抽样检测,也可以由施工方进行,请有关方面的人员参加。监理、建设单位等也可自己进行验收性抽测。但抽测范围、项目应严格控制,以免增加工程费用。目前,建议以验收规范列出的项目为准,不要再扩大和增加,维持一段时间以后,再做研究。同行们在执行中,有什么意见或建议,请告诉我们。

【措施】

抽测的项目已在各专业验收规范分部(子分部)工程中列出来了,为保证其抽样及时,应尽量在分部(子分部)工程中抽测,不要等到单位工程验收时才检测。为保证其规范性,施工单位应在施工开始就制订施工质量检验制度,将检测项目、检测时间、使用的方法标准、检测单位等说明,提高检测的计划性。保证检测项目的及时进行。

【检查】

对照抽测项目,检查施工单位制订的施工质量抽样检验制度。

【判定】

按规定的项目检测,都有检测计划,并都进行了检测,结果符合要求,即为正确。

(9) 承担见证取样检测及有关结构安全检测的单位应具有相应资质。

【释义】

这是保证见证取样检测、结构安全和使用功能抽样检测的数据可靠和结果的可比性,以及检测的规范性,确保检测的准确。检测单位应有相应的资质,操作人员应有上岗证,有必要的管理制度和检测程序及审核制度,有相应的检测方法标准,设备、仪器应通过计量认可,在有效期内,保持良好的精度状态。

相应资质是指经过管理部门确认其是该项检测任务的单位,具有相应设备及条件,人员经过培训有上岗证;有相应的管理制度。并通过计量部门的认可。不一定是当地的检测中心等检测单位,应考虑就近,以减少交通费用及时间。

【措施】

这款落实措施是在开工前制定施工质量检测制度,针对检测项目,应对检测单位进行资质查对,符合检测项目资质的检测单位才能承担其检测任务。符合要求后,再确定下来,给予检测委托书。

【检查】

检测单位由当地县级以上建设主管部门发的资质证书,人员上岗证。施工单位制订的有针对的施工质量检测项目计划和制度,以及检测结果的规范性和可比性。

【判定】

先验收检测单位的资格，有注明资质的文件，符合要求的，才能进行检测，即为正确。

（10）工程的观感质量由验收人员通过现场检查，并应共同确认。

【释义】

这次验收规范为了强调完善手段和确保结构质量，对观感质量放到比较次要位置。但不能不要，一是观感质量还得兼顾，二是完工后的现场综合检查很必要，可以对工程的整体效果有一个核实，宏观性对工程整体进行一次全面验收检查，其内容也不仅局限于外观方面，如对缺损的局部，提出进一步完善修改；对一些可操作的部件，进行试用，能开启的进行开启检查等，以及对总体的效果进行评价等。但由于这项工作受人为及评价人情绪的影响较大，对不影响安全、功能的装饰等外观质量，只评出好、一般、差。而且规定并不影响工程质量的验收。好、一般都没有什么可说，通过验收就完了；但对差的评价，能修的就修，不能修的就协商解决。其评好、一般、差的标准，原则就是各分项工程的主控项目及一般项目中的有关标准，由验收人员综合考虑。故提出通过现场检查，并应共同确定。现场检查，房屋四周尽量走到，室内重要部位及有代表性房间尽量看到，有关设备能运行的尽可能要运行。验收人员以监理单位为主，由总监理工程师组织，不少于3个监理工程师参加，并有施工单位的项目经理、技术、质量部门的人员及分包单位项目经理及有关技术、质量人员参加，其观感质量的好、一般、差，经过现场检查，在听取各方面的意见后，由总监理工程师为主导和监理工程师共同确定。

这样做既能将工程的质量进行一次宏观全面评价，又不影响工程的结构安全和使用功能的评价，突出了重点，兼顾了一般。

【措施】

这款的落实措施是由总监理工程师负责，在监理计划中写明，监督部门监督落实。

【检查】

工程开工前或施工过程中,检查监理计划及执行情况,并在竣工验收的监督中作为一项主要内容,在监督报告中给予评价,是否做到。

【判定】

做到现场检查的程序,并由总监理工程师组织检查,即为正确。

例二,落实《建筑工程施工质量验收统一标准》GB 50300—2001 第 3.0.3 条按五个方面展开采取措施。

一、条文内容

建筑工程施工质量应按下列要求验收：

1. 建筑工程施工质量应符合本标准和相关专业验收规范的规定。

2. 建筑工程施工应符合工程勘察、设计文件的要求。

3. 参加工程施工质量验收的各方人员应具备规定的资格。

4. 工程质量的验收均应在施工单位自行检查评定的基础上进行。

5. 隐蔽工程在隐蔽前应由施工单位通知有关单位进行验收,并应形成验收文件。

6. 涉及结构安全的试块、试件以及有关材料,应按规定进行见证取样检测。

7. 检验批的质量应按主控项目和一般项目验收。

8. 对涉及结构安全和使用功能的重要分部工程应进行抽样检测。

9. 承担见证取样检测及有关结构安全检测的单位应具有相应资质。

10. 工程的观感质量应由验收人员通过现场检查,并应共同确认。

二、图示

单位工程验收程序,见图 3。

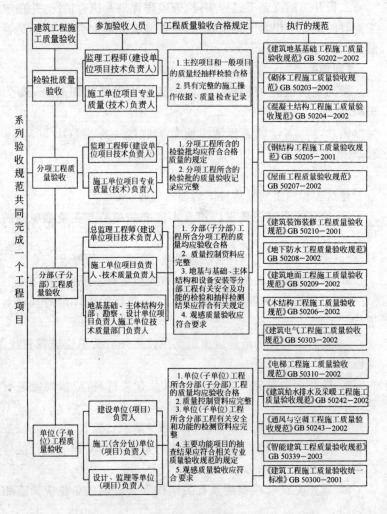

图3 单位工程验收程序图

三、说明

1. 施工依据
2. 隐蔽工程验收

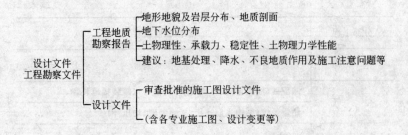

(1) 验收程序：

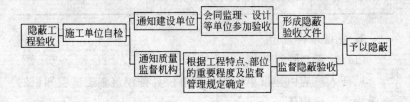

(2) 主要隐蔽验收项目（部位），见表1。

主要隐蔽验收项目（部位）　　　　　　　　表1

分部工程	隐蔽验收内容
地基基础	基槽开挖土质情况
	地基处理
主体结构	砌体组砌方法、配筋砌体
	变形缝构造
	梁、板柱钢筋重要交接部位
	预埋件数量和位置、牢固情况
屋　面	保温层、防水层细部
装饰装修	各类装饰工程的基层、吊顶埋设件及吊顶内的电线等敷设情况
给排水及采暖	给排水管道埋地部分
	暗装干支立管、保温管道及采暖地沟干管

续表

分部工程	隐蔽验收内容
电梯	井埋设件
电气	暗配线(线路走向、位置、配管规格等)、暗装接地装置
	防雷系统(结构主筋连接、接地装置、均压环)
通风与空调	绝热、吊顶内(或管井内)风管及管道
智能建筑	暗设通信网络、办公自动化、系统电路

3. 见证取样规定

(1) 见证人员的要求：

见证人员应由建设单位或监理单位具备建筑施工试验知识的专业技术人员担任。

(2) 见证取样的范围：

下列试块、试件和材料必须实施见证取样和送检：

① 用于承重结构的混凝土试块；

② 用于承重墙体的砌筑砂浆试块；

③ 用于承重结构的钢筋及连接接头试件；

④ 用于承重墙的砖和混凝土小型砌块；

⑤ 用于拌制混凝土和砌筑砂浆的水泥；

⑥ 用于承重结构的混凝土中使用的掺加剂；

⑦ 地下、屋面、厕浴间使用的防水材料；

⑧ 国家规定必须实行见证取样和送检的其他试块、试件和材料。

(3) 见证取样的数量：

不得低于有关技术标准中规定取样数量的30%。

4. 检验批的质量验收

检验批的质量验收为主控项目和一般项目两部分，只按列入这两部分的项目进行验收，其余项目不参加验收。其主要内容是：

主控项目 ── 重要材料，构配件，成品半成品、设备性能及附件的材质、技术性能等
         └─ 结构的强度、刚度、稳定性、轴线位移、标高等检验数据、工程性能的检测结果

一般项目 ── 允许有一定偏差的项目
         ├─ 允许出现质量在一定范围内波动或一定轻微缺陷的项目
         └─ 一些不便定量的定性项目

5. 重要分部工程（涉及结构安全和使用功能）的抽样检测
(1) 主要抽测项目见表2。

常用主要抽测项表　　　　表2

序号	分部	抽样检测项目
1	地基基础	混凝土强度、砂浆强度
2		钢筋保护层厚度
3		地下室防水效果检查
4	主体结构	混凝土强度、砂浆强度
5		钢结构的连接、安装
6		钢筋保护层厚度
7		建筑物垂直度、标高、全高
8		建筑物沉降观测
9	装饰	有防水要求的地面蓄水试验
10		幕墙及外窗气密性、水密性、耐风压检测
11	屋面	屋面淋水试验抽测
12	给排水与采暖	给水管道通水试验
13		卫生器具满水抽测
14		暖气管道、散热器压力抽测
15		消防、燃气管道压力抽测
16		排水干管通球抽测
17		厨厕地面防水抽测

续表

序号	分部	抽样检测项目
18	电气	照明全负荷
19		大型灯具牢固性
20		避雷接地电阻
21		线路、插座、开关接线
22	通风空调	通风、空调系统试运行
23		风量、温度测试
24		洁净室洁净度
25		制冷机组试运行调试
26	电梯	电梯运行
27		电梯安全装置检测
28	智能建筑	系统试运行
29		系统电源及接地

（2）检测方法：

① 对结构强度采用非破损或微破损方法；

② 对其他项目按相关规范规定。

6. 对参加验收人员及检测单位的要求

（1）参加验收人员，除验收规范中规定的人员外，其余按当地政府的有关规定执行。

（2）质量检测机构应取得《建设工程质量检测机构资质认证合格证书》和技术监督部门核发的《计量认证合格证书》；有完善的管理制度；检测人员有上岗证。

7. 观感质量评定应遵守的有关要求

观感质量评定应遵守的有关要求，见表3。

四、措施

1. 施工中不应随意更改设计。

2. 必须根据工程地质勘察报告提供的地质评价和建议，编制施工总平面图、地基基础工程施工方案。

观感质量评定应遵守的有关要求 表 3

评定标准	参照各分项工程主控项目和一般项目的有关部分综合考虑
评定内容	见表 G.0.1-4
评定方法	现场检查(观察、触摸、测量)听取各方意见,总监为主导和监理工程师共同确定
评定等级	好、一般、差
参加人员	以监理单位为主,总监组织,三个以上监理工程师参加,另外施工单位项目经理、技术质量部门人员参加

3. 认真审查各方参验人员上岗资格。

4. 施工单位按企业标准和操作规程精心施工和自行检查评定,质量达到合格。

5. 认真作好隐蔽工程验收。

6. 严格执行见证取样制度。

7. 作好重要分部工程的抽样检测。

五、检查要点

1. 检查单位(子单位)工程、分部(子分部)工程、分项工程、检验批质量验收的组织形式、验收程序、执行标准等情况。

2. 核查各种验收表格及其签证情况。

3. 检查隐蔽工程验收记录。

22.《建筑工程施工质量验收统一标准》GB 50300—2001 第 3.0.4 条、3.0.5 条抽样方案如何掌握?

第 3.0.4 条、3.0.5 条抽样方案及风险概率的提出,其原因是原《建筑安装工程质量检验评定标准》的抽样方案,有的专家提出不够科学,主要是固定一个百分比的抽样方案,由于批量大小不一,抽样检查结果可比性较差。这次在修订一开始,修订组就注意到了这点。为了能使各专业验收规范修订组都注意到这一点,我们统一标准修订组认为,有必要在统一标准中提出一个抽样的原则要求,在选用抽样方法时,注意不致造成检查结果的可比性差。所以我们在抽样方法中,选择了工程质量比较适用的抽样方法,列出来写为第3.0.4条,供各专业质量验收规范结合工程检验项的特点在确定用抽样方法时选用。提出的抽样方法有五种类型:

(1) 计量、计数或计量计数等抽样方案;
(2) 一次、二次或多次抽样方案;
(3) 调整型抽样方案;
(4) 全数检验方案;
(5) 经实践检验有效的抽样方案等。

其中经实践检验有效的方案,就是指原88标准使用的固定一个百分比的抽样方案。这种方法使用方便简单,而且有很多人比较熟识。它的不足之处,只要在划分检验批时,在一个单位工程中,注意划分检验批不要大小太悬殊,就可达到检查结果有较好的可比性。

同时,在第3.0.5条中,又提出了错判概率α和漏判概率β的概念。提醒各专业质量验收规范修订组,对主控项目,对应于合格水平,合理地提出了α和β都不宜超过5%,对生产方风险和使用方风险,一样对待。这是保证工程质量的主要方面。对一般项目,对应于合格水平,α不宜超过5%,β不宜超过10%,在一定程度上保护了生产方,这是符合国家政策的。

以上这些要求和规定,都是对各专业质量验收规范修订组提出的。这些要求和规定各修订组,在各专业质量验收规范时,已经做了考虑。根据生产的连续性和生产控制稳定性情况,以及检验项目重要性和有利于快速简便的抽样等。已在各专业质量验收规范中,对各检验项目中都具体规定了抽样方法。

第3.0.4条、第3.0.5条对我们在执行质量验收规范时,没有直接的指导作用,只要按各专业质量验收规范规定的抽样方案进行抽样就行了。第3.0.4条、3.0.5条大家知道它是抽样方案确定时,考虑的原则就行了。

23. 质量验收规范划分分项、分部、单位工程的原则是什么?

一个房屋建筑(构筑)物的建成,由施工准备工作开始到竣工交付使用,要经过若干工序、若干工种的配合施工。所以,一个工程质量的优劣,取决于各个施工工序和各工种的操作质量。因此,为了便于控制、检查和验收每个施工工序和工种的质量,就把这些工序叫做分项工程。

为了能及时发现问题及时纠正,并能反映出该项目的质量特征,又不花费太多的人力物力,分项工程分为若干个检验批来验收,为了能达到控制质量,又不太繁琐,检验批划分的数量不宜太多,工程量也不宜太大。

同一分项工程的工种比较单一,因此往往不易反映出一些工程的全部质量面貌,所以又按建筑工程的主要部位,用途划分为分部工程来综合分项工程的质量。

由于目前建筑工程复杂程度增加,涉及的工种、专业较多,在每个分部工程内又有不同的专业和系统,为了能及时得到质量控制,又为了适应目前施工单位的专业化分工,能为专业承包单位做出质量评价,又将各专业系统划分为子分部工程。

单位工程竣工交付使用是建筑企业把最终的产品交给用户,在交付使用前应对整个建筑工程(构筑物)进行质量验收。

分项、分部(子分部)和单位(子单位)工程的划分目的,是为了方便质量管理和控制工程质量,根据某项工程的特点,将其划分为若干个检验批、分项、分部(子分部)工程、单位(子单位)工程以对其进行质量控制和阶段验收。

特别应该注意的是,不论如何划分检验批、分项工程,都要有利于质量控制,能取得较完整的技术数据;而且要防止造成检验批、分项工程的大小过于悬殊,由于抽样方法按一定的比例抽样,影响质量验收结果的可比性。

24. 在分项工程划分时应注意些什么问题？

分项工程的划分是最基本的,其划分的好坏代表了一个施工企业管理水平的高低。

建筑与结构工程分项工程的划分应按主要工种工程划分,但也可按施工程序的先后和使用材料的不同划分,如瓦工砌砖工程,钢筋工的钢筋绑扎工程,木工的木门窗安装工程,油漆工的混色油漆工程等。也有一些分项工程并不限于一个工种,由几个工种配合施工的,如装饰工程的护栏和扶手制作与安装,由于其材料可以是金属的、木质的,不一定由一个工种来完成。

建筑设备安装工程的分项工程一般按工种种类及设备组别等划分,同时也可按系统、区段来划分。如碳素钢管给水管道、排水管道等;再如排水管道安装有碳素钢管道、铸铁管道、混凝土管道等;从设备组别来分,有锅炉安装、锅炉附属设备安装、卫生器具安装等。另外,对于管道的工作压力不同,质量要求也不同,也应分别划分为不同的分项工程。同时,还应根据工程的特点,按系统或区段来划分各自的分项工程,如住宅楼的下水管道,可把每个单元排水系统划分为一个分项工程。对于大型公共建筑的通风管道工程,一个楼层为一段也可分为数段,每段则为一个分项工程来进行质量控制和验收。

考虑到主体分部工程涉及人身安全以及它在单位工程中的重要性,对楼房还可按楼段,单层建筑应按变形缝划分分项工程。对于其他分部工程的分项工程没有强行统一,一般情况下按楼层(段)划分,以便于质量控制和验收,完成一层,验收一层,及时发现问题,及时返修。所以在能按楼层划分时,应尽可能按楼层划分;对一些小的项目,或按楼层划分有困难的项目,也可不按楼层划分;对一个钢筋混凝土框架结构,每一楼层的模板、钢筋、混凝土一般应按施工先后,把竖向构件和水平构件的同工种工程各分为一个分项工程。总之,分项工程的划分,要视工程的具体情况;既便于质量管理和工程质量控制,也便于质量验收。划分的好坏,反映了工程管理水平。因为划得太小增加工作量,划得太大验收通不过返工量太大,大小悬殊太大,又使验收结果可比性差。

　　检验批的提出,分项工程相对来讲是一个比较大的概念,真正进行质量验收的并不是一个分项工程的全部,而是其中的一部分。在原《验评标准》中这个问题没有很好解决,将一个分项工程和检验评定的那一部分,统称为分项工程,实际其范围是不一致的。如一个砖混结构的住宅工程,其主体分部由砌砖、模板、钢筋、混凝土等分项工程组成。在验收时,是分层验收的,如一层砌砖分项、二层砌砖分项工程等,前后两个砌砖分项工程的范围是不一样的。在原《验评标准》中,为了能将两者分开,将前者叫分项工程名称,后者叫分项工程,这种叫法是非常勉强的。这次验收规范的编制中,解决了这个问题,前者叫分项工程,后者叫检验批。一个分项工程可分为几个检验批来验收。这样做法和工业产品的方法一致了,也比较科学了。这样一来,分项工程的验收实际上就是检验批的验收,分项工程中的检验批都验收完了,分项工程的验收也就完成了。前边讲的分项工程的划分,分项工程和检验批都有,但更主要是讲检验批的划分。《验收规范》由于不评优良等级了,对检验批划分大小的要求也不重要了。但由于其抽样方法用一个百分比的做法,其大小相差太悬殊时,其验收结果可比性较差。所以,正常情况下,建议还是不要大小悬殊太大为好。

　　分项工程的划分,分项工程已在各专业规范中全部列出,已没有再划分的必要。分项工程的划分,实质上是检验批的划分。建议在施工组织设计中预先对检验批进行划分,使检验批的划分和验收更加合理和规范化。

25. 在分部工程划分时应注意些什么问题?

　　分部工程是综合若干分项工程,比较综合的一个验收项目,由于其质量指标的完整性和独立性,是进行综合质量控制的基础。

　　分部工程按专业性质、建筑部位确定。当分部工程较大或较复杂时,为了方便验收和分清质量责任,可按材料种类、施工特点、施工程序、专业系统及类别等划分成为若干个子分部工程。建筑与结构按主要部位划分为地基与基础、主体结构、装饰装修及屋面等4个分部工程。为了方便管理又将每个分部工程划分为几个子分部工程。

地基与基础分部工程,包括±0.000以下的结构及防水分项工程。凡有地下室的工程其首层地面下的结构(现浇混凝土楼板或预制楼板)以下的项目,均纳入"地基与基础"分部工程;没有地下室的工程,墙体以防潮层分界,室内以地面垫层以下分界,灰土、混凝土等垫层应纳入装饰工程的建筑地面子分部工程;桩基础以承台上皮分界。地基与基础分部工程又划分为无支护土方、有支护土方、地基处理、桩基、地下防水、混凝土基础、砌体基础、劲钢(管)混凝土、钢结构等子分部工程。

主体分部工程与原标准没有大的变化,凡±0.000以上承重构件都为主体分部。对非承重墙的规定,凡使用板块材料,经砌筑、焊接的隔墙纳入主体分部工程,如各种砌块、加气条板等;凡采用轻钢、木材等用铁钉、螺丝或胶类粘结的均纳入装饰装修分部工程,如轻钢龙骨、木龙骨的隔墙、石膏板隔墙等。主体结构分部工程按材料不同又划分为混凝土结构、劲钢(管)混凝土结构、砌体结构、钢结构、木结构、网架和索膜结构等子分部工程。

建筑装饰装修分部工程包括地面与楼面工程(包括基层及面层)、门窗工程、幕墙工程及室内外的装修、装饰项目,如清水砖墙的勾缝工程、细木装饰、油漆、刷浆、玻璃工程等。建筑装饰装修分部工程又划分为地面工程、抹灰工程、门窗、吊顶、轻质隔墙、饰面板(砖)、幕墙、涂饰、裱糊与软包、细部等子分部工程。

建筑屋面分部工程包括屋顶的找平层、保温(隔热)层及各种防水层、保护层等。对地下防水、地面防水、墙面防水应分别列入所在部位的"地基与基础"、"装饰装修"、"主体"分部工程。建筑屋面分部工程又划分为卷材防水屋面、涂膜防水屋面、刚性防水屋面、瓦屋面和隔热屋面等分部工程。

另外,对有地下室的工程,除±0.000及其以下结构及防水部分的分项工程列入"地基与基础"分部工程外，其他地面、装饰、门窗等分项工程仍纳入建筑装饰装修分部工程内。

建筑设备安装工程按专业划分为建筑给水排水及采暖工程、建筑电气安装工程、通风与空调工程、电梯安装工程、智能建筑工程和燃气管道安装工程6个分部工程。

建筑给水排水及采暖分部工程，包括给水排水管道、采暖、卫生设施等。原来的煤气工程因故分出去了，单独列为一个分部工程，不包括在本分部工程内。建筑给水排水及采暖分部工程又划分为室内给水系统、室内排水系统、室内热水供应系统、卫生器具安装、室内采暖系统、室外给水管网、室外排水管网、室外供热管网、建筑中水系统及游泳池系统、供热锅炉及辅助设备安装等子分部工程。

建筑电气安装分部工程，为了适用应用范围的变化，这次修订作了大的调整，按照不同区域、用途等划分成室外电气、变配电室、供电干线、电气动力、电气照明安装、备用和不间断电源安装、防雷及接地安装等子分部工程。

通风与空调分部工程按系统又划分为送排风系统、防排烟系统、除尘系统、空调风系统、净化空调系统、制冷设备系统、空调水系统等子分部工程。

电梯安装分部工程按其种类又划分为电力驱动的曳引式或强制式电梯安装、液压电梯安装、自动扶梯、自动人行道安装等子分部工程。

智能建筑分部工程是新增加的分部工程，即常称的弱电部分，由于各种设备管线的增多，从电气安装工程中分离出来，并进行了完善。其按用途又划分为通信网络系统、办公自动化系统、建筑设备监控系统、火灾报警及消防联动系统、安全防范系统、综合布线系统、智能化集成系统、电源与接地、环境、住宅(小区)智能化系统等子分部工程。

燃气分部工程由于尚未编制，故其划分暂缺。

建筑工程分部(子分部)、分项工程已按要求在验收规范中进行了划分，上述主要讲述划分的原则。具体分项、分部(子分部)工程的划分详见建筑工程分部(子分部)、分项工程划分,见表 4。

建筑工程分部(子分部)工程、分项工程划分　　　表 4

序号	分部工程	子分部工程	分项工程
1	地基与基础	无支护土方	土方开挖、土方回填
		有支护土方	排桩、降水、排水、地下连续墙、锚杆、土钉墙、水泥土桩、沉井与沉箱、钢及混凝土支撑
		地基处理	灰土地基、砂和砂石地基,碎砖三合土地基,土工合成材料地基,粉煤灰地基,重锤夯实地基,强夯地基,振冲地基,砂桩地基,预压地基,高压喷射注浆地基,土和灰土挤密桩基,注浆地基,水泥粉煤灰碎石桩地基,夯实水泥土桩地基
		桩基	锚杆静压桩及静力压桩,预应力离心管桩,钢筋混凝土预制桩,钢桩,混凝土灌注桩(成孔、钢筋笼、清孔、水下混凝土灌注)
		地下防水	防水混凝土,水泥砂浆防水层,卷材防水层,涂料防水层,金属板防水层,塑料板防水层,细部构造,喷锚支护,复合衬砌,地下连续墙,盾构法隧道,渗排水、盲沟排水,隧道、坑道排水,预注浆、后注浆,衬砌裂缝注浆
		混凝土基础	模板、钢筋、混凝土,后浇带混凝土,混凝土结构缝处理
		砌体基础	砖砌体、混凝土砌块砌体,配筋砌体、石砌体
		劲钢(管)混凝土	劲钢(管)焊接、劲钢(管)与钢筋的连接,混凝土
		钢结构	焊接钢结构、栓接钢结构、钢结构制作,钢结构安装,钢结构涂装
2	主体结构	混凝土结构	模板,钢筋,混凝土,预应力,现浇结构,装配式结构
		劲钢(管)混凝土结构	劲钢(管)焊接、螺栓连接、劲钢(管)与钢筋的连接,劲钢(管)制作、安装,混凝土
		砌体结构	砖砌体,混凝土小型空心砌块砌体、石砌体,填充墙砌体,配筋砖砌体
		钢结构	钢结构焊接,紧固件连接,钢零部件加工,单层钢结构安装,多层及高层钢结构安装,钢结构涂装、钢构件组装,钢构件预拼装,钢网架结构安装,压型金属板
		木结构	方木和原木结构、胶合木结构、轻型木结构、木构件防护

续表

序号	分部工程	子分部工程	分项工程
2	主体结构	网架和索膜结构	网架制作、网架安装,索膜安装,网架防火、防腐涂料
3	建筑装饰装修	地面	整体面屋:基层,水泥混凝土面层,水泥砂浆面层,水磨石面层,防油渗面层,水泥钢(铁)屑面层,不发火(防爆)的面层;板块面层:基层,砖面层(陶瓷锦砖、缸砖、陶瓷地砖和水泥花砖面层),大理石面层和花岗岩面层,预制板块面层(预制水泥混凝土、水磨石板块面层),料石面层(条石、块石面层),塑料板面层,活动地板面层,地毯面层,木竹面层;基层、实木地板面层(条材、块材面层),实木复合地板面层(条材、块材面层),中密度(强化)复合地板面层(条材面层),竹地板面层
		抹灰	一般抹灰,装饰抹灰,清水砌体勾缝
		门窗	木门窗制作与安装,金属门窗安装,塑料门窗安装,特种门安装,门窗玻璃安装
		吊顶	暗龙骨吊顶,明龙骨吊顶
		轻质隔墙	板材隔墙、骨架隔墙、活动隔墙、玻璃隔墙
		饰面板(砖)	饰面板安装,饰面砖粘贴
		幕墙	玻璃幕墙,金属幕墙,石材幕墙
		涂饰	水性涂料涂饰,溶剂型涂料涂饰,美术涂饰
		裱糊与软包	裱糊、软包
		细部	橱柜制作与安装,窗帘盒、窗台板和暖气罩制作与安装,门窗套制作与安装,护栏和扶手制作与安装,花饰制作与安装
4	建筑屋面	卷材防水屋面	保温屋,找平层,卷材防水层,细部构造
		涂膜防水屋面	保温屋,找平层,涂膜防水层,细部构造
		刚性防水屋面	细石混凝土防水层,密封材料嵌缝,细部构造
		瓦屋面	平瓦屋面,波瓦屋面,油毡瓦屋面,金属板屋面,细部构造
		隔热屋面	架空屋面,蓄水屋面,种植屋面

续表

序号	分部工程	子分部工程	分项工程
5	建筑给水排水及采暖	室内给水系统	给水管道及配件安装、室内消火栓系统安装、给水设备安装、管道防腐、绝热
		室内排水系统	排水管道及配件安装、雨水管道及配件安装
		室内热水供应系统	管道及配件安装、辅助设备安装、防腐、绝热
		卫生器具安装	卫生器具安装、卫生器具给水配件安装、卫生器具排水管道安装
		室内采暖系统	管道及配件安装、辅助设备及散热器安装、金属辐射板安装、低温热水地板辐射采暖系统安装、系统水压试验及调试、防腐、绝热
		室外给水管网	给水管道安装、消防水泵接合器及室外消火栓安装、管沟及井室
		室外排水管网	排水管道安装、排水管沟与井池
		室外供热管网	管道及配件安装、系统水压试验及调试、防腐、绝热
		建筑中心系统及游泳池系统	建筑中水系统管道及辅助设备安装、游泳池水系统安装
		供热锅炉及辅助设备安装	锅炉安装、辅助设备及管道安装、安全附件安装、烘炉、煮炉和试运行、换热站安装、防腐、绝热
6	建筑电气	室外电气	架空线路及杆上电气设备安装，变压器、箱式变电所安装，成套配电柜、控制柜(屏、台)和动力、照明配电箱(盘)及控制柜安装，电线、电缆导管和线槽敷设，电线、电缆穿管和线槽敷设，电缆头制作、导线连接和线路电气试验，建筑物外部装饰灯具、航空障碍标志灯和庭院路灯安装，建筑照明通电试运行，接地装置安装
		交配电室	变压器、箱式变电所安装，成套配电柜、控制柜(屏、台)和动力、照明配电箱(盘)安装，裸母线、封闭母线、插接式母线安装，电缆沟内和电缆竖井内电缆敷设，电缆头制作、导线连接和线路电气试验，接地装置安装，避雷引下线和变配电室接地干线敷设
		供电干线	裸母线、封闭母线、插接式母线安装，桥架安装和桥架内电缆敷设，电缆沟内和电缆竖井内电缆敷设，电线、电缆穿管和线槽敷线，电缆头制作、导线连接和线路电气试验

续表

序号	分部工程	子分部工程	分项工程
6	建筑电气	电气动力	成套配电柜、控制柜(屏、台)和动力、照明配电箱(盘)及安装,低压电动机、电加热器及电动执行机构检查、接线,低压电气动力设备检测、试验和空载试运行,桥架安装和桥架内电缆敷设,电线、电缆导管和线槽敷设,电线、电缆穿管和线槽敷线,电缆头制作、导线连接和线路电气试验,插座、开关、风扇安装
		电气照明安装	成套配电柜、控制柜(屏、台)和动力、照明配电箱(盘)安装,电线、电缆导管和线槽敷设,电线、电缆导管和线槽敷线,槽板配线,钢索配线,电缆头制作、导线连接和线路电气试验,普通灯具安装,专用灯具安装,插座、开关、风扇安装,建筑照明通电试运行
		备用和不间断电源安装	成套配电柜、控制柜(屏、台)和动力、照明配电箱(盘)安装,柴油发电机组安装,不间断电源的其他功能单元安装,裸母线、封闭母线、插接式母线安装,电线、电缆导管和线槽敷设,电线、电缆导管和线槽敷线,电缆头制作、导线连接和线路电气试验,接地装置安装
		防雷及接地安装	接地装置安装,避雷引下线和变配电室接地干线敷设,建筑物等电位连接,接闪器安装
7	智能建筑	通信网络系统	通信系统,卫星及有线电视系统,公共广播系统
		办公自动化系统	计算机网络系统,信息平台及办公自动化应用软件,网络安全系统
		建筑设备监控系统	空调与通风系统,变配电系统,照明系统,给水排水系统,热源和热交换系统,冷冻和冷却系统,电梯和自动扶梯系统,中央管理工作站与操作分站,子系统通信接口
		火灾报警及消防联动系统	火灾和可燃气体探测系统,火灾报警控制系统,消防联动系统
		安全防范系统	电视监控系统,入侵报警系统,巡更系统,出入口控制(门禁)系统,停车管理系统
		综合布线系统	缆线敷设和终接,机柜、机架、配线架的安装,信息插座和光缆芯线终端的安装

续表

序号	分部工程	子分部工程	分项工程
7	智能建筑	智能化集成系统	集成系统网络,实时数据库,信息安全,功能接口
		电源与接地	智能建筑电源,防雷及接地
		环境	空间环境,室内空调环境,视觉照明环境,电磁环境
		住宅(小区)智能化系统	火灾自动报警及消防联动系统,安全防范系统(含电视监控系统、入侵报警系统、巡更系统、门禁系统、楼宇对讲系统、住户对讲呼救系统、停车管理系统),物业管理系统(多表现场计量及与远程传输系统、建筑设备监控系统、公共广播系统、小区网络及信息服务系统、物业办公自动化系统),智能家庭信息平台
8	通风与空调	送排风系统	风管与配件制作;风管系统安装;空气处理设备安装;部件制作;消声设备制作与安装,风管和设备防腐;风机安装;系统调试
		防排烟系统	风管与配件制作;部件制作;风管系统安装;防、排烟风口常闭正压风口与设备安装;风管与设备防腐;风机安装;系统调试
		除尘系统	风管与配件制作;部件制作;风管系统安装;除尘器与排污设备安装;风管与设备防腐;风机安装;系统调试
		空调风系统	风管与配件制作;部件制作;风管系统安装,空气处理设备安装;消声设备制作与安装;风管与设备防腐;风机安装;风管与设备绝热;系统调试
		净化空调系统	风管与配件制作;部件制作;风管系统安装;空气处理设备安装;消声设备制作与安装;风管与设备防腐;风机安装;风管与设备绝热;高效过滤器安装;系统调试
		制冷系统	制冷机组安装;制冷剂管道及配件安装;制冷附属设备安装;管道及设备的防腐与绝热;系统调试
		空调水系统	管道冷热(媒)水系统安装;冷却水系统安装;冷凝水系统安装;阀门及部件安装;冷却塔安装;水泵及附属设备安装;管道与设备的防腐与绝热;系统调试

续表

序号	分部工程	子分部工程	分项工程
9	电梯	电力驱动的曳引式或强制式电梯安装工程	设备进场验收,土建交接检验,驱动主机,导轨,门系统,轿厢,对重(平衡重),安全部件,悬挂装置,随行电缆,补偿装置,电气装置,整机安装验收
		液压电梯安装工程	设备进场验收,土建交接检验,液压系统,导轨,门系统,轿厢,平衡重,安全部件,悬挂装置,随行电缆,电气装置,整机安装验收
		自动扶梯、自动人行道安装工程	设备进场验收,土建交接检验,整机安装验收

26. 在单位工程划分时应注意些什么问题？

建筑工程的单位工程是承建单位交给用户的一个完整产品,要具有独立的使用功能。凡在建设过程中能独立施工,完工后能形成独立使用功能的建筑工程,即可划分为一个单位工程。

房屋建筑(构筑)物的单位工程是由建筑与结构及建筑设备安装工程共同组成,目的是突出房屋建筑(构筑)物的整体质量。这样划分与原"验评标准"相似。

一个独立的、单一的建筑物(构筑物)均为一个单位工程,如在一个住宅小区建筑群中,每一个独立的建筑物(构筑物),即一栋住宅楼,一个商店、锅炉房、变电站,一所学校的一个教学楼,一个办公楼、传达室等均各为一个单位工程。

一个单位工程有的是由地基与基础、主体结构、屋面、装饰装修四个建筑与结构分部工程和建筑给水排水及采暖、建筑电气、通风与空调、电梯和智能建筑以及燃气管道安装工程分部工程,共十个分部工程组成,不论其工程量大小,都作为一个分部工程参与单位工程的验收。但有的单位工程中,不一定全有这些分部工程。如有些构筑物可能没有装饰装修分部工程;有的可能没有屋面工程等。对一些高级宾馆、公共建筑可能各安装分部工程全有,一般工程有的就没有通风与空调及电梯安装分部工程。有的构筑物可能连建筑给水排水及采暖、智能建筑分部工程也没有。所以说，房屋建筑物(构筑物)的单位工程目前最多是十个分部工程所组成。

对一个单位工程划分应具备下面二个条件：具有独立施工条件并能形成独立使用功能的建筑物及构筑物为一个单位工程，为了考虑大体量工程的分期验收，充分发挥基本建设投资效益，对建筑规模较大的单位工程，可将其能形成独立使用功能的部分划分一个子单位工程。这样大大方便了大型、高层及超高层建筑的分段验收。如一个公共建筑有30层塔楼及裙房，该业主在裙房施工完，具备使用功能，就计划先投入使用，就可以先以子单位工程进行验收；如果塔楼30层分两个或三个子单位工程验收也是可以的。各子单位工程验收完，整个单位工程也就验收完了，不再进行单位工程验收。并且应以子单位工程办理竣工验收备案手续。

另外，由于目前国家尚未有一个住宅小区或街坊室外工程的验收规范。为了加强室外工程的管理和验收，促进室外工程质量的提高，将室外工程根据专业类别和工程规模划分为室外建筑环境和室外安装两个室外单位工程，并又分成附属建筑、室外环境、给水排水与采暖和电气子单位工程。

为了保证分项、分部、单位工程的划分检查评定和验收，应将其作为施工组织设计的一个组成部分，事前给予明确规定，则会对质量控制起到好的作用。

具体室外单位(子单位)工程的划分，详见室外工程单位(子单位)工程、分部(子分部)工程划分，见表5。

室外工程划分　　　　表5

单位工程	子单位工程	分部(子分部)工程
室外建筑环境	附属建筑	车棚、围墙、大门、挡土墙、垃圾收集站
	室外环境	建筑小品、道路、亭台、连廊、花坛、场坪绿化
室外安装	给水排水与采暖	室外给水系统、室外排水系统、室外供热系统
	电气	室外供电系统、室外照明系统

27. 分项工程质量验收执行条文时,应注意些什么?

分项工程验收是工程质量验收的基础,其条文虽不多,但验收工作量却很大。其中包括检验批验收和分项工程的验收两部分。

(1) 检验批质量的验收

分项工程分成一个或若干个检验批来验收。检验批合格质量应符合下列规定:

主控项目和一般项目的质量经抽样检验合格;

具有完整的施工操作依据、质量检查记录。

① 主控项目。主控项目的条文是必须达到的要求,是保证工程安全和使用功能的重要检验项目,是对安全、卫生、环境保护和公众利益起决定性作用的检验项目,是确定该检验批主要性能的。如果达不到规定的质量指标,降低要求就相当于降低该工程项目的性能指标,就会严重影响工程的安全性能;如果提高要求就等于提高性能指标,就会增加工程造价。如混凝土、砂浆的强度等级是保证混凝土结构、砌体工程强度的重要性能,所以说是必须全部达到要求的,但并不是越高越好。

主控项目包括的内容主要有:

A. 重要材料、构件及配件、成品及半成品、设备性能及附件的材质、技术性能等。检查出厂证明及试验数据,如水泥、钢材的质量;预制楼板、墙板、门窗等构配件的质量;风机等设备的质量。检查出厂证明,其技术数据、项目符合有关技术标准和合同及设计文件要求。

B. 结构的强度、刚度和稳定性等检验数据、工程性能的检测。如混凝土、砂浆的强度;钢结构的焊缝强度;管道的压力试验;风管的系统测定与调整;电气的绝缘、接地测试;电梯的安全保护、试运转结果等。检查测试记录,其数据及项目要符合设计要求和本验收规范规定。

② 一般项目。一般项目是除主控项目以外的检验项目,其条

文也是应该达到的,只不过对不影响工程安全和使用功能的少数条文可以适当放宽一些,这些条文虽不像主控项目那样重要,但对工程安全、使用功能、工程的美观都是有较大影响的。这些项目在验收时,绝大多数抽查点处(件),其质量指标都应达到要求,有的专业质量验收规范允许有指标20%,虽可以超过一定的指标,也是有限的,通常不得超过规定值的150%,与原"验证标准"比,这样就对工程质量的控制更严格了,进一步保证了工程质量。

一般项目包括的内容主要有:

A. 允许有一定偏差的项目,而放在一般项目中,用数据规定的标准,可以有个别点偏差范围,最多不超过20%的检查点可以超过允许偏差值,但也不能超过允许值的150%。

B. 对不能确定偏差值而又允许出现一定缺陷的项目,则以缺陷的数量来区分。如砖砌体预埋拉结筋,其留置间距偏差;混凝土钢筋露筋,露出一定长度等。

C. 一些无法定量的而采用定性的项目。如碎拼大理石地面颜色协调,无明显裂缝和坑洼;油漆工程中,中级油漆的光亮和光滑项目,卫生器具给水配件安装项目,接口严密,启闭部分灵活;管道接口项目,无外露油麻等。这些就要靠监理工程师来掌握了。

③ 一些重要的允许偏差项目,必须控制在允许偏差限值之内。

对一些有龄期的检测项目,在其龄期不到,不能提供数据时,可先将其他评价项目先评价,并根据施工现场的质量保证和控制情况,暂时验收该项目,待检测数据出来后,再填入数据。如果数据达不到规定数值,以及对一些材料、构配件质量及工程性能的测试数据有疑问时,应进行复试、鉴定及实地检验。

(2) 分项工程质量的验收

分项工程质量验收合格应符合下列规定:

分项工程所含的检验批均应符合合格质量的规定;

分项工程所含的检验批的质量验收记录应完整。

分项工程质量的验收是在检验批验收的基础上进行的,是一

个统计过程,对一些分项工程有时也有一些直接的验收内容,所以在验收分项工程时应注意:

① 核对检验批的部位、区段是否全部覆盖分项工程的范围,有没有缺漏的部位没有验收到。

② 一些在检验批中无法检验的项目,在分项工程中直接验收。如砖砌体工程中的全高垂直度、砂浆强度的评定等。

③ 检验批验收记录的内容及签字人是否正确、齐全。

分项工程的验收,重要的方面是将众多的检验批,将其归纳在一起,以便在分部(子分部)工程验收时,只复查分项工程就行了,不必再复查那么多的检验批,使验收过程简化了工作量。

28. 分部(子分部)工程质量验收条文执行时,应注意些什么?

分部(子分部)工程的验收,在原"验评标准"中,是一个过渡性的统计验收过程。在质量验收规范中,将其作为验收的一个重点,将工程验收内容前移,把单位工程的一些内容,放在分部(子分部)中来验收。内容由原来的二项增加为四项。有利于质量控制。具体作法:

分部(子分部)工程质量验收合格应符合下列规定:

分部(子分部)工程所含分项工程的质量均应验收合格。

质量控制资料应完整。

地基与基础、主体结构和设备安装等分部工程有关安全及功能的检验和抽样检测结果应符合有关规定。

观感质量验收应符合要求。

其具体验收工作应在各专业工程质量验收规范中给予明确,这里只讲一下验收的原则。

分部工程与子分部工程的验收内容、程序都是一样的,在一个分部工程中只有一个子分部工程时,子分部就是分部工程。当不是一个子分部工程时,可以一个子分部、一个子分部地进行质量验收,然后,应将各子分部的质量控制资料进行核查;对地基与基础、主体结构和设备安装工程等分部工程中的子分部工程有关安全及功能的检验和抽样检测结果的资料核查；观感质量评价等。其各项内容的具体验收：

(1) 分部(子分部)工程所含分项工程的质量均应验收合格

实际验收中,这项内容也是项统计工作。在做这项工作时应注意三点。

① 检查每个分项工程验收是否正确。

② 注意查对所含分项工程,有没有漏、缺的分项工程没有归纳进来,或是没有进行验收。

③ 注意检查分项工程的资料完整不完整,每个验收资料的内容是否有缺漏项,以及分项验收人员的签字是否齐全及符合规定。

(2) 质量控制资料应完整的核查

这项验收内容,实际也是统计、归纳和核查,主要包括三个方面的资料。

① 核查和归纳各检验批的验收记录资料,查对其是否完整。

② 检验批验收时,应具备的资料应准确完整才能验收。在分部、子分部工程验收时,主要是核查和归纳各检验批的施工操作依据、质量检查记录,查对其是否配套完整,包括有关施工工艺(企业标准)、原材料、构配件出厂合格证及按规定进行的试验资料的完整程度。一个分部、子分部工程能否具有数量和内容完整的质量控制资料,是验收规范指标能否通过验收的关键,但在实际工程中,从资料的类别、数量会有欠缺,不够那么完整,这就要靠我们验收人员来掌握其程度,具体操作可参照单位工程的做法。

③ 注意核对各种资料的内容、数据及验收人员的签字是否规范等。

(3) 地基与基础、主体结构、主要设备安装分部工程有关安全及功能的检测和抽样检测结果应符合有关规定

这项验收内容,包括安全及功能的检测和抽样检测结果两个方面的检测资料。抽测其检测项目在各专业质量验收规范中已有

明确规定,在验收时应注意三个方面的工作。

① 检查各规范中规定的检测的项目是否都进行了验收,不能进行检测的项目应该说明原因。

② 检查各项检测记录(报告)的内容、数据是否符合要求,包括检测项目的内容,所遵循的检测方法标准、检测结果的数据是否达到规定的标准。

③ 核查资料的检测程序、有关取样人、检测人、审核人、试验负责人,以及公章签字是否齐全等。

(4) 观感质量验收应符合要求

分部(子分部)工程的观感质量检查,是经过现场工程的检查,由检查人员共同确定评价的好、一般、差,在检查和评价时应注意以下几点:

① 分部(子分部)工程观感质量评价是这次验收规范修订新增加的,目的有两个。

一是现在的工程体量越来越大,越来越复杂,待单位工程全部完工后再检查,有的项目要看的看不见了,看了还应修的修不了,只能是既成事实。另一方面竣工后一并检查,由于工程的专业多,而检查人员又不能太多,专业不全,不能将专业工程中的问题看出来。再就是有些项目完工以后,工地上就没有事了,各工种人员就撤出去了,即使检查出问题来,再让其来修理,用的时间也长。

二是新的建筑企业资质就位后,分层次有了专业承包公司,对这些企业分包承包的工程,完工以后也应该有个评价,也便于对这些企业的监管。

这样可克服上述的一些不足,同时,也便于分清质量责任,提高后道工序对前道工序的成品保护。

② 在进行检查时,要注意一定要在现场,将工程的各个部位全部看到,能操作的应操作,观察其方便性、灵活性或有效性等;能打开观看的应打开观看,不能只看"外观",应全面了解分部(子分部)的实物质量。

③ 评价方法,由于这次修订没有将观感质量放在重要位置,

只是一个辅助项目,其评价内容只列出了项目,其具体标准没有个体化。基本上是各检验批的验收项目,多数在一般项目内。检查评价人员宏观掌握,如果没有较明显达不到要求的,就可以评一般;如果某些部位质量较好,细部处理到位,就可评好;如果有的部位达不到要求,或有明显的缺陷,但不影响安全或使用功能的,则评为差。

评分差的项目能进行返修的应进行返修,不能返修的只要不影响结构安全和使用功能的可通过验收。有影响安全或使用功能的项目,不能评价,应修理后再评价。

评价时,施工企业应先自行检查合格后,由监理单位来验收,参加评价的人员应具有相应的资格,由总监理工程师组织,不少于三位监理工程师来检查,在听取其他参加人员的意见后,共同做出评价,但总监理工程师的意见应为主导意见。在做评价时,可分项目逐点评价,也可按项目进行大的方面综合评价,最后对分部(子分部)做出评价。

一个分部工程中有几个子分部工程时,每个子分部工程验收完,分部工程就验收完了。除了单位工程观感质量检查时,再宏观认可一下以外,不必要再进行分部工程质量验收了。

29. 单位(子单位)工程质量验收条文执行时,应注意些什么?

单位(子单位)工程质量验收,这次质量验收规范确定为强制性条文,目的是对工程交付使用前的最后一道工序把好关。具体落实的要求后边再讲。这里只讲验收时应注意的事项。

(1) 单位(子单位)工程的验收内容

单位(子单位)工程质量验收合格应符合下列规定:

① 单位(子单位)工程所含分部(子分部)工程的质量均应验收合格。

② 质量控制资料应完整。

③ 单位(子单位)工程所含分部工程有关安全和功能的检测

资料应完整。

④ 主要功能项目的抽查结果应符合相关专业质量验收规范的规定。

⑤ 观感质量验收应符合要求。

单位(子单位)工程质量验收是统一标准两项内容中的一个,这部分内容只在统一标准中有,其他专业质量验收规范中没有。这部分内容是单位(子单位)工程的质量验收,是工程质量验收的最后一道把关,是对工程质量的一次总体综合评价,所以,标准规定为强制性条文,列为工程质量管理的一道重要程序。

参与建设的各方责任主体和有关单位及人员,应该重视这项工作,认真做好单位(子单位)工程质量的竣工验收,把好工程质量关。

单位(子单位)工程质量验收,总体上讲还是一个统计性的审核和综合性的评价。是通过核查分部(子分部)工程验收质量控制资料、有关安全、功能检测资料、进行的必要的主要功能项目的复核抽测,以及总体工程观感质量的现场实物质量验收。下边就逐条给予说明。

(2) 单位(子单位)工程所含分部(子分部)工程的质量均应验收合格

这项工作,总承包单位应事前进行认真准备,将所有分部、子分部工程质量验收的记录表,及时进行收集整理,并列出目次表,依序将其装订成册。在核查及整理过程中,应注意以下三点:

① 核查各分部工程中所含的子分部工程是否齐全。

② 核查各分部、子分部工程质量验收记录表的质量评价是否完善;有分部、子分部工程质量的综合评价;有质量控制资料的评价;地基与基础、主体结构和设备安装分部、子分部工程规定的有关安全及功能的检测和抽测项目的检测记录;以及分部、子分部观感质量的评价等。

③ 核查分部、子分部工程质量验收记录表的验收人员是否是规定的有相应资质的技术人员,并进行了评价和签认。

(3)质量控制资料应完整

总承包单位应将各分部、子分部工程应有的质量控制资料进行核查,图纸会审及变更记录、定位测量放线记录、施工操作依据、原材料、构配件等质量证书、按规定进行检验的检测报告、隐蔽工程验收记录、施工中有关施工试验、测试、检验等,以及抽样检测项目的检测报告等,由总监理工程师进行核查确认,可按单位工程所包含的分部、子分部工程分别核查、也可综合抽查。其目的是强调建筑结构、设备性能、使用功能方面主要技术性能的检验。检查单位工程的质量控制资料,对主要技术性能进行系统的核查,如一个空调系统只有分部、子分部工程才能综合调试,取得需要的数据。

① 工程质量控制资料的作用。

施工操作工艺、企业标准、施工图纸及设计文件,工程技术资料和施工过程的见证记录,是企业技术管理的重要组成部分。因为任何一个基本建设项目,只有在运营上满足它的使用功能要求,才能充分发挥它的经济效益。只有工程符合社会需要,才能使它劳动消耗得到承认,才能使它的经济价值和使用价值得以实现,这才算是有了真正的经济效益。因此,确保建设工程的质量,将是整个基本建设工作的核心。为了证明工程质量,证明各项质量保证措施的有效运行,质量控制资料将是整个技术资料的核心。从工程质量管理出发可将技术资料分为:工程质量验收资料、工程质量记录资料、施工技术管理资料和竣工图等。

建筑工程质量控制资料是反映建筑工程施工过程中,各个环节工程质量状况的基本数据和原始记录;反映完工项目的测试结果和记录。这些资料是反映工程质量的客观见证,是评价工程质量的主要依据。工程质量资料是工程的"合格证"和技术证明书。由于工程质量整体测试,只能在建造的施工过程中分别测试、检验或间接的检测。由于工程的安全性能要求高,所以工程质量资料比产品的合格证更重要。从广义质量来说,工程质量资料就是工程质量的一部分,同时,工程质量资料是工程技术资料的核心,是企业经营管理的重要组成部分,更是质量管理的重要方面,是反映一个企业管理水平高低的重要见证。通过资料的定期分析研究,能帮助企业改进管理。在当前全面贯彻执行ISO9000质量管理体系系列标准中,资料是其一项重要内容,是证明管理有效性的重要依据,资料也是质量管理体系的重要组成部分,是评价管理水平的重要见证材料。由于产品结构和制造工艺复杂,必须在产品质量的形成过程中加强管理和实施监督,要求生产建立相应的质量体系,提供能充分证明质量符合要求的客观证据。从质量体系要素中的质量体系文件来看,一般包括四个层次:

A. 质量手册。主要内容是阐述某企业的质量方针、质量体系和质量活动的文件。有企业的质量方针;企业的组织机构及质量职责;各项质量活动程序;质量手册的管理办法。

B. 程序文件。是落实质量管理体系要素所开展的有关活动的规章制度和实施办法。按性质分为管理和技术性程序文件。管理性程序文件,包括有关规章制度、管理标准和工作标准,质量活动的实施办法等;技术性程序文件,包括技术规程、工艺规程、检验规程和作业指导书等。

C. 质量计划。包括应达到的质量目标;该项目各个阶层中责任和权限的分配;采用的特定程序、方法和作业指导书;有关试验、检验、验证和审核大纲;随项目的进展而修改和完善质量计划的方法;为达到质量目标必须采取的其他措施。

D. 质量记录。是证明各阶段产品质量是否达到要求和质量体系运行有效的证据。包括设计、检验、试验、审核、复审的质量记录和图表等,这些质量记录都是质量管理体系活动执行情况的见证,是质量体系文件最基础部分。质量记录是证明产品是否达到了规定的质量要求,并验证质量体系运行是否有效性的证据。

在验收一个分部、子分部工程的质量时,为了系统核查工程的结构安全和重要使用功能,虽然在分项工程验收时,已核查了规定提供的技术资料,但仍有必要再进行复核,只是不再像验收检验批、分项工程质量时那样进行微观检查,而是从总体上通过核查质量控制资料来评价分部、子分部工程的结构安全与使用功能控制情况和质量水平。但目前由于材料供应渠道中的技术资料不能完全保证,加上有些施工单位管理不健全等情况,因此往往使一些工程中的资料不能达到完整,当一个分部、子分部工程的质量控制资料虽有欠缺,但能反映其结构安全和使用功能,是满足设计要求的,则可以认定该工程的质量控制资料为完整。如钢材,按标准要求既要有出厂合格证,又要有试验报告,即为完整。实际中,如有一批用于非重要构件的钢材没有出厂合格证,但经有资质检测单位检验,该批钢材物理及化学性能均符合设计和标准要求,则可以认为该批钢材的技术资料是完整。再如砌筑砂浆的试件应按规范要求的频率取样,在施工过程中,个别少量部位由于某种原因而没有按规定频率取样,但从现场的质量管理状况及已有的试件强度检验数据,反映具有代表性时,并经过施工、设计、监理及有关人员现场实物工程质量检查,其砂浆质量表现与其他部位没发现明显差别,也可认为是完整。

由于每个工程的具体情况不一,因此什么是完整,要视工程特点和已有资料的情况而定。总之,有一点要掌握,即验收或核验分部、子分部工程质量时,核查的质量控制资料,看其是否要以反映工程的结构安全和使用功能,是否达到设计要求。如果能反映和达到上述要求,即使有些欠缺也可认为是完整。

工程质量的验收资料,是从众多的工程技术资料中,筛选出的直接关系和说明工程质量状况的技术资料。多数是提供实施结果的见证记录、报告等文件材料。对于其他技术资料,由于工程不同或环境不同,要求也就不尽相同。各地区应根据实际情况增减。所以作为一个企业的领导,应该时刻注意管理措施的有效性,研究每一项资料的作用,有效的保留,作用小的改进,无效的去掉,劳而无功的事不干。有效的质量资料是工程质量的见证,少一张也不行,无用的多一张也不要。对非要不可的见证资料,一定要做到准、实、及时,对不准不实的资料宁愿不要,也不充数。

对一个单位工程全面进行技术资料核查,还可以防止局部错漏,从而进一步加强工程质量的控制。对结构工程及设备安装系统进行系统的核查,便于同设计要求对照检查,达到设计效果。

② 单位(子单位)工程质量控制资料的判定。

质量控制资料对一个单位工程来讲,主要是判定其是否能够反映保证结构安全和主要使用功能是否达到设计要求,如果能够反映出来,即或按标准及规范要求有少量欠缺时,也可以认可。因此,在标准中规定质量控制资料应完整。但在检验批时都应具备完整的施工操作依据、质量检查资料。对单位工程质量控制资料完整的判定,通常情况下可按以下三个层次进行判定:

A. 该有的资料项目有了。在表 G.0.1-2 单位、子单位工程质量控制资料核查记录中,应该有的项目的资料有了,如建筑与结构项目中,共有 11 项资料。如果没有使用新材料、新工艺,该第 11 项的资料可以没有。如果该工程施工过程没有出现质量事故,该第 10 项的资料也就没有了。其该有的项目为 9 项就行了。

B. 在每个项目中该有的资料有了。表中应有的项目中,应该有的资料有了,没有发生的资料应该没有,如第 7 项该工程是全现浇的,可以没有预制构件的资料;对工程结构、功能及有关质量不会出现影响其性能的资料,有缺点的也可以认可的。如第 3 项中的钢材,按规定既要有质量合格证,也应有试验报告为完整。但有个别非重要部位用的钢材,由于多方原因没有合格证,经过有资质的检测单位检验,该批钢材物理及化学性能符合设计和标准要求,也可以认为该批钢材的资料是完整的。

C. 在每个资料中该有的数据有了。在各项资料中,每一项资料应该有的数据有了。资料中应该证明的材料、工程性能的数据必须具备,如果其重要数据没有或不完备,这项资料就是无效的,就是有这样的资料,也证明不了该材料、工程的性能,也不能算资料完整,如水泥复试报告,通常其安定性、强度、初凝、终凝时间必须有确切的数据及结论。再如钢筋复试报告,通常应有抗拉强度及冷弯物理性能的数据及结论,符合设计及钢筋标准的规定。当要求进行化学成份试验时,应按要求做相应化学成分的试验,并有符合标准规定的数据及结论。这样可判定其应有的数据有了。

由于每个工程的具体情况不一,因此什么是资料完整,要视工程特点和已有资料的情况而定,总之,有一点验收人员应掌握的,看其是否可以反映工程的结构安全和使用功能,是否达到设计要求。如果资料能保证该工程结构安全和使用功能,能达到设计要求,则可认为是完整。否则,不能判为完整。

(4) 单位(子单位)工程所含分部工程有关安全和功能的检测资料应完整

这项指标是这次验收规范修订中,新增加的一项内容。目的是确保工程的安全和使用功能。在分部、子分部工程中提出了一些检测项目,在分部、子分部工程检查和验收时,应进行检测来保证和验证工程的综合质量和最终质量。这种检测(检验)应由施工来检测,检测过程中可请监理工程师或建设单位有关负责人参加监督检测工作,达到要求后,并形成检测记录签字认可。在单位工程、子单位工程验收时,监理工程师应对各分部、子分部工程应检测的项目进行核对,对检测资料的数量、数据及使用的检测方法标准、检测程序进行核查,以及核查有关人员的签认情况等。核查后,将核查的情况填入 G.0.1-3 单位(子单位)工程安全和功能检测资料核查和主要功能抽查记录表。对 G.0.1-3 表的该项内容做出通过或不通过的结论。

(5) 主要功能项目的抽查结果应符合相关专业质量验收规范的规定

主要功能抽查是这次验收规范修订的新增加的,是这次修订的特点之一,目的主要是综合检验工程质量能否保证工程的功能,满足使用要求。这项抽查检测多数还是复查性的和验证性的。

主要功能抽测项目已在各分部、子分部工程中列出,有的是在分部、子分部工程完成后进行检测,有的还要待相关分部、子分部工程完成后才能检测,有的则需要待单位工程全部完成后进行检测。这些检测项目应在单位工程完工,施工单位向建设单位提交工程验收报告之前,全部进行完毕,并将检测报告写好。至于在建设单位组织单位工程验收时,抽测什么项目,可由验收委员会(验收组)来确定。但其项目应在 G.0.1-3 表中所含项目,不能随便提出其他项目。如需要做 G.0.1-3 表未有的检测项目时,应进行专门研究来确定。通常监理单位应在施工过程中,提醒将抽测的项目在分部、子分部工程验收时抽测。多数情况是施工单位检测时,监理、建设单位都参加,不再重复检测,防止造成不必要的浪费及对工程的损害。

通常主要功能抽测项目,应为有关项目最终的综合性的使用功能,如室内环境检测、屋面淋水检测、照明全负荷试验检测、智能建筑系统运行等。只有最终抽测项目效果不佳,或其他原因,必须进行中间过程有关项目的检测时,要与有关单位共同制订检测方案,并要制订成品保护措施,采取完善的保护措施后进行,总之,主要功能抽测项目的进行,不要损坏建筑成品。

主要功能抽测项目进行,可对照该项目的检测记录逐项核查,可重新做抽测记录表,也可不形成抽测记录,在原检测记录上注明签认。

(6) 观感质量验收应符合要求

观感质量评价:是工程的一项重要评价工作,是全面评价一个分部、子分部、单位工程的外观及使用功能质量,促进施工过程的管理、成品保护,提高社会效益和环境效益。观感质量检查绝不是单纯的外观检查,而是实地对工程的一个全面检查,核实质量控制资料,核查分项、分部工程验收的正确性,对在分项工程中不能检查的项目进行检查等。如工程完工,绝大部分的安全可靠性能和使用功能已达到要求,但出现不应出现的裂缝和严重影响使用功能的情况,应该首先弄清原因,然后再评价。地面严重空鼓、起砂、墙面空鼓粗糙、门窗开关不灵、关闭不严等项目的质量缺陷很多,应说明在分项、分部工程验收时,掌握标准不严,分项、分部无法测定和不便测定的项目,在单位工程观感评价中,给予核查。如建筑物的全高垂直度、上下窗口位置偏移及一些线角顺直等项目,只有在单位工程质量最终检查时,才能了解的更确切。

系统地对单位工程检查，可全面地衡量单位工程质量的实际情况，突出对工程整体检验和对用户着想的观点。分项、分部工程的验收，对其本身来讲虽是产品检验，但对交付使用一幢房子来讲，又是施工过程中的质量控制。只有单位工程的验收，才是最终建筑产品的验收。所以，在标准中，既加强了施工过程中的质量控制（分项、分部工程的验收），又严格进行了单位工程的最终评价，使建筑工程的质量得到有效保证。

观感质量的验收方法和内容与分部、子分部工程的观感质量评价一样，只是分部、子分部工程的范围小一些而已，一些分部、子分部工程的观感质量，可能在单位工程检查时已经看不到了。所以单位工程的观感质量更宏观一些。

其内容按各有关检验批的主控项目、一般项目有关内容综合掌握，给出好、一般、差的评价。

检查时应将建筑工程外檐全部看到，对建筑物的重要部位、项目及有代表性的房间、部位、设备、项目都应检查到。对其评价时，可逐点评价再综合评价；也可逐项给予评价；也可按大的分部、子分部或建筑与结构部分分别进行综合评价。评价时，要在现场由参加检查验收的监理工程师共同确定，确定时，可多听取被验收单位及参加验收的其他人员的意见。并由总监理工程师签认，总监理工程师的意见应有主导性。

其评价方法同分部、子分部工程观感质量验收项目。

在《建筑安装工程质量检验评定统一标准》GBJ 300—88 中，观感质量是评优良条件结合的主要质量指标。在这次验收规范修订中，将观感质量弱化了，只是一个验收的项目，并且评价好、一般、差都可通过验收，只要不出现影响结构安全和使用功能的项目就行。如果评价为差时，能进行修理的可进行修理，不能修理的可协商解决。

30. 《建筑工程施工质量验收统一标准》GB 50300—2001 第5.0.4条为什么确定为强制性条文？

单位(子单位)工程质量验收,是一个工程项目交付使用前的最后一次验收,是最后一次验收把关。是对工程质量的一次总体综合评价。建筑产品交给用户的是一个完整的建筑产品,交给用户时做一个全面评价是应该的。

一个工程在施工过程中,检查了检验批,分项工程,以及分部(子分部)工程。但这些验收都是分别的验收,而且验收已经过了一定的时间,有些后道工序也可能对其造成损害。更重要的是一个建筑的内容很复杂,有些使用功能只有工程全部完成后,才能显示出来。如空调的效果、照明的效果、一些设施的运行,以及整个工程体现设计意图观感效果;一些使用功能效果等。单位(子单位)工程质量验收是对用户负责的,必须引起各参建单位责任主体和具体负责人员的重视,所以,标准规定为强制性条文,作为工程质量管理的一道重要程序。做好单位(子单位)工程质量的验收工作,把好工程质量关。

31. 如何贯彻好《建筑工程施工质量验收统一标准》GB 50300—2001 第5.0.4条强制性条文？

贯彻强制性条文,是贯彻质量验收规范的重点,施工单位,监理单位都应该下力气,将其贯彻好。贯彻落实的方法是多样的,下面举两例说明。

例一:将条文的内容弄透彻,制订控制的措施,认真贯彻落实。这个例子是将条文,分解为释义、措施、检查、判定四个步骤来落实。

第5.0.4条　单位(子单位)工程质量验收合格应符合下列规定:

(1) 单位(子单位)工程所含分部(子分部)工程的质量均应验

收合格。

(2) 质量控制资料应完整。

(3) 单位(子单位)工程所含分部工程有关安全和功能的检测资料应完整。

(4) 主要功能项目的抽查结果应符合相关专业质量验收规范的规定。

(5) 观感质量验收应符合要求。

【释义】

参与建设的各方责任主体和有关单位及人员,应该重视这项工作,认真做好单位(子单位)工程质量的竣工验收,把好工程质量关。

单位(子单位)工程质量验收,总体上讲还是一个统计性的审核和综合性的评价。是通过核查分部(子分部)工程验收质量控制资料,有关安全、功能检测资料、进行必要的主要功能项目的复核及抽测,以及总体工程观感质量的现场实物质量验收。

本条规定了一个单位工程质量验收的五个方面的内容,下面逐条给予说明:

(1) 单位(子单位)工程所含分部(子分部)工程的质量均应验收合格。这是个基本条件,贯彻了过程控制的原则,逐步由检验批,分项到分部(子分部)、到单位(子单位)工程的验收,突出了工程质量的特点,及工程质量的控制。

这项工作,总承包单位应事前进行认真准备,将所有分部、子分部工程质量验收的记录表及时进行收集整理,并列出目次表,依序将其装订成册。在核查及整理过程中,应注意以下三点:

① 核查各分部工程中所含的子分部工程是否齐全。

② 核查各分部、子分部工程质量验收记录表的质量评价是否有分部、子分部工程质量的综合评价、有质量控制资料的评价、地基与基础及主体结构和设备安装分部(子分部)工程规定的有关安全及功能的检测和抽测项目的检测记录,以及分部(子分部)工程观感质量的评价等。

③ 核查分部(子分部)工程质量验收记录表的验收人员是否是规定的有相应资质的技术人员,并进行了评价和签认。

(2) 质量控制资料应完整

总承包单位应将各分部(子分部)工程应有的质量控制资料进行核查。核查图纸会审及变更记录,定位测量放线记录、施工操作依据、原材料、构配件等质量证书、按规定进行检验的检测报告、隐蔽工程验收记录、施工中有关施工试验、测试、检验等,以及抽样检测项目的检测报告等,由总监理工程师进行核查确认,可按单位工程所包含的分部(子分部)分别核查、也可综合抽查。其目的是强调建筑结构、设备性能、使用功能方面主要技术性能的检验。能说明工程质量是安全的,使用功能是保证的。

(3) "单位(子单位)工程所含分部工程有关安全和功能的检测资料应完整"。单位工程有关安全、功能的检测按统一标准的规定,其检测项目尽可能在子分部、分部工程中完成。在单位工程验收时,检查其资料是否完整,包括该检测的项目、检测程序、检验方法和检验报告的结果都达到规范规定的要求。

(4) 主要功能项目的抽查结果应符合相关专业质量验收规范的规定。一些抽查检测项目,不能在分部(子分部)进行检测的,只有到单位工程中检测,有的也只有到单位工程检测才有意义。

通常主要功能抽测项目,应为有关项目最终的综合性的使用功能,如室内环境检测、屋面淋水检测、照明全负荷试验检测、智能建筑系统运行等。只有最终抽测项目效果不佳,或其他原因,必须进行中间过程有关项目的检测时,要与有关单位共同制订检测方案,并在制订成品保护措施,采取完善的保护措施后进行,总之,主要功能抽测项目的进行,不要损坏建筑成品。

(5) 观感质量验收应符合要求

观感质量评价是工程的一项重要评价工作,是全面评价一个分部(子分部)、单位工程的整体及使用功能质量,能促进施工过程的管理、成品保护,提高社会效益和环境效益。观感质量检查绝不是单纯的外观检查,而是实地对工程的一个全面检查,核实质量控制资料,验证分项、分部工程验收的正确性,以及在分部工程中不能检查的项目进行检查等。工程完工,绝大部分的安全可靠性能和使用功能已达到要求,如查看不应出现的裂缝的情况,地面空鼓、起砂、墙面空鼓、粗糙、门窗开关不灵、关闭不严等项目的质量缺陷,就说明在分项、分部工程验收时,掌握标准不严。分项分部无法测定和不便测定的项目,在单位工程观感评价中,给予核查。如建筑物的全高垂直度、上下窗口位置偏移及一些线角顺直等项目,只有在单位工程质量最终检查时,才能了解得更确切。

【措施】

措施是保证强制性条文贯彻执行的条件,是检查执行强制性条文的重要内容。在实际中应结合工程特点及环境,制订具体措施,通常的措施是:

(1)单位(子单位)工程所含分部(子分部)工程的质量均应验收合格。措施是做好检验批及分项工程的验收工作,是分部(子分部)通过验收的基础。同时,检查分部(子分部)工程验收的程序,签认人员的意见签认完整。具体是每个分部(子分部)所含的分项工程的质量验收合格、质量控制资料能达到完整、观感质量符合规定,抽测项目检查结果符合有关规定。

(2)质量控制资料应完整。措施是按子分部工程逐项核查,以反映该子分部工程质量状况,其结果达到验收规范的规定。

(3)单位(子单位)工程所含分部工程有关安全和功能的检测资料应完整。措施是:

这项指标是这次验收规范修订中,新增加的一项内容。目的是确保工程的安全和使用功能。在分部、子分部工程提出了一些检测项目,在分部、子分部工程检查和验收时,应进行检测来保证和验证工程的综合质量和最终质量。这种检测(检验)应由施工单位来组织,检测过程中可请监理工程师或建设单位有关负责人参加监督检测,工作达到要求后,形成检测记录并签字认可。

(4)主要功能项目的抽查结果应符合相关专业质量验收规范的规定。措施:这项抽查检测多数还是复查性的和验证性的。主要功能抽测项目已在各分部、子分部工程中列出,有的是在分部、子分部完成后进行检测,有的还要待相关分部、子分部工程完成后才能检测,有的则需要待单位工程全部完成后进行检验。这些项目的检测,应在施工组织设计中列出计划。

(5) 观感质量应符合要求。措施是进行现场检查,按照检验批主控项目、一般项目的有关观感检查的内容,宏观进行检查,并结合当地质量水平,按好、一般、差给出评价。

【检查】

检查各项目的验收是否符合有关规定的内容、程序,其质量指标是否达到规定的要求。

【判定】

(1) 对一个分部(子分部)工程系统核查工程的结构安全和它的重要使用功能,总体上应是通过核查质量控制资料来评价分部(子分部)工程的结构安全性与使用功能。但目前由于各种原因当一个分部(子分部)工程的质量控制资料虽有欠缺,但能反映其结构安全和使用功能,是满足设计要求的,则可以判定该工程的质量控制资料为完整。

(2) 由于每个工程的具体情况不一,因此什么是完整,要视工程特点和已有资料的情况而定。总之,有一点要掌握,即验收或核验分部(子分部)工程质量时,核查的质量控制资料,看其是否可以反映工程的结构安全和使用功能,是否达到设计要求。如果能反映和达到上述要求,即使有些欠缺也可判定为是完整。

(3) 在单位(子单位)工程验收时,监理工程师应对各分部(子分部)工程应检测的项目进行核对,对检测资料的数量、数据及使用的检测方法、标准、检测程序进行核查,以及核查有关人员的签认情况。以及对该项内容做出通过或不通过的结论等。认为结论是正确的,则判定为符合要求。

(4) 需在单位工程抽查检测的项目,其结果符合有关专业验收规范的规定,则判定为符合要求。

(5) 对观感质量判定,只要是总监理工程师组织进行现场检查,并做出结论的,则判定为符合要求。

例二,将条文的贯彻分为条文内容、图示、说明、措施、检查要点等五个步骤来落实。

(一) 条文内容

单位(子单位)工程质量验收合格应符合下列规定:

(1) 单位(子单位)工程所含分部(子分部)工程的质量均应验收合格。

(2) 质量控制资料应完整。

(3) 单位(子单位)工程所含分部工程有关安全和功能的检测资料应完整。

(4) 主要功能项目的抽查结果应符合相关专业质量验收规范的规定。

(5) 观感质量验收应符合要求。

(二) 图示

单位工程控制程序,见图4。

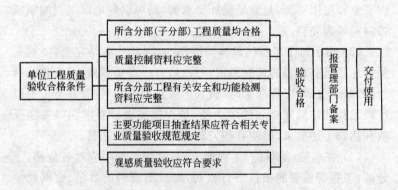

图4 单位工程控制程序图

(三) 说明

1. 质量控制资料,见表6。

2. 分部工程有关安全和功能的检测资料,见表7。

3. 观感质量验收,见表8。

单位工程质量控制资料表

表6

工程名称			施工单位			
序号	项目	资料名称		份数	核查意见	核查人
1	建筑与结构	图纸会审、设计变更、洽商记录				
2		工程定位测量、放线记录				
3		原材料出厂合格证书及进场检(试)验报告				
4		施工试验报告及见证检测报告				
5		隐蔽工程验收记录				
6		施工记录				
7		预制构件、预拌混凝土合格证				
8		地基、基础、主体结构检验及抽样检测资料				
9		分项、分部工程质量验收记录				
10		工程质量事故及事故调查处理资料				
11		新材料、新工艺、新技术施工记录				
12						
1	给排水与采暖	图纸会审、设计变更、洽商记录				
2		材料、配件出厂合格证书及进场检(试)验报告				
3		管道、设备强度试验、严密性试验记录				
4		隐蔽工程验收记录				
5		系统清洗、灌水、通水、通球试验记录				
6		施工记录				
7		分项、分部工程质量验收记录				
8						
1	建筑电气	图纸会审、设计变更、洽商记录				
2		材料、设备出厂合格证书及进场检(试)验报告				
3		设备调试记录				
4		接地、绝缘电阻测试记录				
5		隐蔽工程验收记录				
6		施工记录				
7		分项、分部工程质量验收记录				
8						

续表

工程名称			施工单位			
序号	项目	资 料 名 称		份数	核查意见	核查人
1	通风与空调	图纸会审、设计变更、洽商记录				
2		材料、设备出厂合格证书及进场检(试)验报告				
3		制冷、空调、水管道强度试验、严密性试验记录				
4		隐蔽工程验收记录				
5		制冷设备运行调试记录				
6		通风、空调系统调试记录				
7		施工记录				
8		分项、分部工程质量验收记录				
9						
1	电梯	土建布置图纸会审、设计变更、洽商记录				
2		设备出厂合格证书及开箱检验记录				
3		隐蔽工程验收记录				
4		施工记录				
5		接地、绝缘电阻测试记录				
6		负荷试验、安全装置检查记录				
7		分项、分部工程质量验收记录				
8						
1	建筑智能化	图纸会审、设计变更、洽商记录、竣工图及设计说明				
2		材料、设备出厂合格证及技术文件及进场检(试)验报告				
3		隐蔽工程验收记录				
4		系统功能测定及设备调试记录				
5		系统技术、操作和维护手册				
6		系统管理、操作人员培训记录				
7		系统检测报告				
8		分项、分部工程质量验收报告				

结论:

总监理工程师

施工单位项目经理　　(建设单位项目负责人)
　　年　月　日　　　　　　年　月　日

分部工程有关安全和功能检测资料表　　　　表7

工程名称			施工单位				
序号	项目	安全和功能检查项目	份数	核查意见	抽查结果	核查(抽查)人	
1	建筑与结构	屋面淋水试验记录					
2		地下室防水效果检查记录					
3		有防水要求的地面蓄水试验记录					
4		建筑物垂直度、标高、全高测量记录					
5		抽气(风)道检查记录					
6		幕墙及外窗气密性、水密性、耐风压检测报告					
7		建筑物沉降观测测量记录					
8		节能、保温测试记录					
9		室内环境检测报告					
10							
1	给排水与采暖	给水管道通水试验记录					
2		暖气管道、散热器压力试验记录					
3		卫生器具满水试验记录					
4		消防管道、燃气管道压力试验记录					
5		排水干管通球试验记录					
6							
1	电气	照明全负荷试验记录					
2		大型灯具牢固性试验记录					
3		避雷接地电阻测试记录					
4		线路、插座、开关接线检验记录					
5							
1	通风与空调	通风、空调系统试运行记录					
2		风量、温度测试记录					
3		洁净室洁净度测试记录					
4		传冷机组试运行调试记录					
5							
1	电梯	电梯运行记录					
2		电梯安全装置检测报告					
1	智能建筑	系统试运行记录					
2		系统电源及接地检测报告					
3							

结论：　　　　　　　　　　总监理工程师

施工单位项目经理　　年　月　日　　(建设单位项目负责人)　　年　月　日

注：抽查项目由验收组协商确定。

单位工程观感质量验收项目表　　表8

工程名称			施工单位			
序号		项目	抽查质量状况	质量评价		
				好	一般	差
1	建筑与结构	室外墙面				
2		变形缝				
3		水落管、屋面				
4		室内墙面				
5		室内顶棚				
6		室内地面				
7		楼梯、踏步、护栏				
8		门窗				
1	给排水与采暖	管道接口、坡度、支架				
2		卫生器具、支架、阀门				
3		检查口、扫除口、地漏				
4		散热器、支架				
1	建筑电气	配电箱、盘、板、接线盒				
2		设备器具、开关、插座				
3		防雷、接地				
1	通风与空调	风管、支架				
2		风口、风阀				
3		风机、空调设备				
4		阀门、支架				
5		水泵、冷却塔				
6		绝热				
1	电梯	运行、平层、开关门				
2		层门、信号系统				
3		机房				
1	智能建筑	机房设备安装及布局				
2		现场设备安装				
3						
		观感质量综合评价				

检查结论	总监理工程师 施工单位项目经理　　（建设单位项目负责人） 　　年 月 日　　　　　　　　　　　年 月 日

(四)措施

及时整理所有分部(子分部)质量验收记录,单位工程质量控制资料,单位工程安全功能检验资料和观感质量检查资料。

(五)检查要点

逐项检查各种验收资料是否齐全、完整及有关人员的签证情况。

32. 工程质量不符合要求,如何处理和验收?

《建筑工程施工质量验收统一标准》GB 50300—2001 第5.0.6条、5.0.7条规定了建筑工程质量不符合要求时,应按规定进行处理,共规定了五种情况,前三种是能通过正常验收的。第四种是特殊情况的处理,虽达不到验收规范的要求,但经过加固补强等措施能保证结构安全或使用功能。建设单位与施工单位可以协商,根据协商文件进行验收,是让步接受或有条件验收。第五种情况是不能验收。通常这样的事故是发生在检验批。当检验批、分项工程质量不符合要求时,通常应该在检验批质量验收过程中发现,对不符合要求的工程要进行分析,找出是哪个或哪几个项目达不到质量标准的规定。其中包括检验批的主控项目、一般项目有哪些条款不符合标准规定,影响到结构的安全。造成不符合规定的原因很多,有操作技术方面的,也有管理不善方面的,还有材料等质量方面的。因此,一旦发现工程质量任一项不符合规定时,必须及时组织有关人员,查找分析原因,并按有关技术管理规定,通过有关方面共同商量,制定补救方案,及时进行处理。经处理后的工程,再确定其质量是否可通过验收。

(1)经返工重做或更换器具、设备的检验批应重新进行验收

返工重做包括全部或局部推倒重来及更换设备、器具等的处理,处理或更换后,应重新按程序进行验收。如某住宅楼一层砌砖,验收时发现砖的强度等级为MU5,达不到设计要求的MU10,推倒后重新使用MU10砖砌筑,其砖砌体工程的质量,应重新按程序进行验收。

重新验收质量时,要对该项目工程按规定,重新抽样、选点、检查和验收,重新填检验批质量验收记录表。

(2) 经有资质的检测单位检测鉴定能够达到设计要求的检验批,应予以验收

这种情况多是某项质量指标不够,多数是指留置的试块失去代表性,或因故缺少试块的情况,以及试块试验报告缺少某项有关主要内容,也包括对试块或试验结果报告有怀疑时,经有资质的检测机构,对工程进行检验测试。其测试结果证明,该检验批的工程质量能够达到原设计要求的。这种情况应按正常情况给予验收。

(3) 经有资质的检测单位检测鉴定达不到设计要求,但经原设计单位核算认可能够满足结构安全和使用功能的检验批,可予以验收

这种情况与第二种情况一样,多是某项质量指标达不到规范的要求,多数也是指留置的试块失去代表性、或是因故缺少试块的情况,以及试块试验报告有缺陷,不能有效证明该项工程的质量情况,或是对该试验报告有怀疑时,要求对工程实体质量进行检测。经有资质的检测单位检测鉴定达不到设计要求,但这种数据距达到设计要求的差距有限,不是差距太大。经过原设计单位进行验算,认为仍可满足结构安全和使用功能,可不进行加固补强。如原设计计算混凝土强度为27MPa,而选用了C30级混凝土,经检测的结果是29MPa,虽未达到C30级的要求,但仍能大于27MPa是安全的。又如某五层砖混结构,一、二、三层用M10砂浆砌筑,四、五层为M5砂浆砌筑。在施工过程中,由于管理不善等,其三层砂浆强度仅达到7.4MPa,没达到设计要求,按规定应不能验收,但经过原设计单位验算,砌体强度尚可满足结构安全和使用功能,可不返工和加固。由设计单位出具正式的认可证明,由注册结构工程师签字,并加盖单位公章。由设计单位承担质量责任。因为设计责任就是设计单位负责,出具认可证明,也在其质量责任范围内,可进行验收。

以上三种情况都应视为是符合规范规定质量合格的工程。只

是管理上出现了一些不正常的情况,使资料证明不了工程实体质量,经过补办一定的检测手续,证明质量是达到了设计要求,给予通过验收是符合规范规定的。

(4)经返修或加固处理的分项、分部工程,虽改变外形尺寸但仍能满足安全使用要求,可按技术处理方案和协商文件进行验收

这种情况多数是某项质量指标达不到验收规范的要求,如同第二、三种情况,经过有资质的检测单位检测鉴定达不到设计要求,由其设计单位经过验算,也认为达不到设计要求。经过验算和事故分析,找出了事故原因,分清了质量责任,同时,经过建设单位、施工单位、监理单位、设计单位等协商,同意进行加固补强,并协商好,加固费用的来源,加固后的验收等事宜,由原设计单位出具加固技术方案,通常由原施工单位进行加固,虽然改变了个别建筑构件的外形尺寸,或留下永久性缺陷,包括改变工程的用途在内,应按协商文件验收。也是有条件的验收。由责任方承担经济损失或赔偿等。这种情况实际是工程质量达不到验收规范的合格规定,应算在不合格工程的范围。但在《条例》的第24条、第32条等条都对不合格工程的处理做出了规定,根据这些条款,提出技术处理方案(包括加固补强),最后能达到保证工程结构安全和使用功能,也是可以通过验收的。为了维护国家利益,不能出了质量事故的工程都推倒报废。只要能保证结构安全和使用功能的,仍作为特殊情况进行验收。是一个给出路的做法,不能列入违反《条例》的范围内。但加固后必须达到保证工程结构安全和使用功能。例如,有一些工程出现达不到设计要求,经过验算满足不了结构安全和使用功能要求,需要进行加固补强,但加固补强后,改变了外形尺寸或造成永久性缺陷。这是指经过补强加大了截面,增大了体积,设置了支撑,加设了牛腿等,使原设计的外形尺寸有了变化。如墙体强度严重不足,采用双面加钢筋网灌喷豆石混凝土补强,加厚了墙体,缩小了房间的使用面积等。

造成永久性缺陷是指通过加固补强后,只是解决了结构性能问题,而其本质并未达到原设计要求的,均属造成永久性缺陷。如

某工程地下室发生渗漏水,采用从内部增加防水层堵漏,满足了使用要求,但却使那部分墙体长期处于潮湿甚至水饱和状态;又如某工程的空心楼板的型号用错,以小代大,虽采取在板缝中加筋和在上边加铺钢筋网等措施,使承载力达到设计要求,但总是留下永久性缺陷。

以上两种情况,其工程质量不能正常验收,因上述情况,该工程的质量虽不能正常验收,但由于其尚可满足工程结构安全和使用功能要求,对这样的工程质量,可按协商验收。在工业生产中称为让步接受,就是某产品虽有个别质量指标达不到产品合同的要求,但在其使用中,其影响是有限的,可考虑这项质量指标降低要求,但产品的价格也应相应的调整。

(5) 通过返修或加固处理仍不能满足安全使用要求的分部工程、单位(子单位)工程,严禁验收

这种情况是非常少的,但确实是有的。这种情况,通常是在制订加固技术方案之前,就知道加固补强措施效果不会太好,或是加固费用太高不值得加固处理,或是加固后仍达不到保证安全、功能的情况。这种情况就应该坚决拆掉,不要再花大的代价来加固补强。这条是强制性条文,必须贯彻执行。

这样规定使整个规范的管理交圈了,同时严格了规范的贯彻执行。使得房屋工程质量管理工作,做得更细、更有可操作性。

(6) 做好原始记录

经处理的工程必须有详尽的记录资料,处理方案等原始数据应齐全、准确,能确切说明问题的演变过程和结论,这些资料不仅应纳入工程质量验收资料中,还应纳入单位工程质量事故处理资料中。对协商验收的有关资料,要经监理单位的总监理工程师签字验收。并将资料归纳在竣工资料中,以便在工程使用、管理、维修及改建、扩建时作为参考依据等。

对上述问题这样处理后,使规范的管理交圈了,有利于严格贯彻执行。这样比原《验评标准》更结合实际了。原《验评标准》规定,只要处理后,都要达到合格,都要进行正常验收。实际执行了

近20年没有完全做到,因为有些工程是没有办法加固补强的,而有些工程加固补强经济上不合算,代价太大比拆掉重建还花钱多,这样的事就不要再坚持加固补强了。

再一个问题是加固补强后都要达到合格条件,这也是难以做到的。合格条件很多都达到不可能,而有些条件达不到并不影响工程结构安全和使用功能,这些工程是拆掉是使用,原《验评标准》没有给出处理的办法。这就造成在执行标准中的死角,使标准的执行打了折扣。原《验评标准》规定加固后都要达到合格,和国家的有些规定是一致的,国家在不少文件中规定,不合格的工程不能交付使用。但在社会上没有做到这一点,使国家的文件执行也打了折扣。因为达不到合格条件能使用的工程,全部拆掉是不可能的,也不符合国家的能源政策。同时,也不结合实际,因为全国的工程质量合格率不是100%,拿2001年来讲,全国工程质量的合格率是历年最高,为95.2%,该年的竣工面积约78000万平方米,不合格的工程为7400万平方米。这样多的不合格工程,多数是可使用的工程,属于能保证工程结构安全和使用功能的工程,实际上这些工程都在使用,并没有拆掉。有些地区为了能有个说法,有的叫可使用工程、有的叫观察使用工程、有的叫暂定合格工程等。但这些工程的使用是不合法的。

这次"质量验收规范"规定的不合格工程处理第四项的条款,虽与国家的不合格工程不能交付使用的规定有抵触,但符合《建设工程质量管理条例》的有关规定精神,而且结合我国的实际情况。我们认为这样规定虽不够完善,但有它合理的一面,特别是对执行规范、标准有好处。

33. 为什么《建筑工程施工质量验收统一标准》GB 50300—2001第5.0.7条作为强制性条文?如何贯彻落实?

第5.0.7条通过返修或加固处理仍不能满足安全使用要求的分部工程、单位(子单位)工程,严禁验收。

列为强制性条文的目的。这条规定是确保使用安全的基本要求。在实际中,总还是有极少数、个别的工程,质量达不到验收规范的规定。就是进行返工或加固补强也难达到保证安全的要求,或是加固代价太大,不值得,或是建设单位不同意。这样的工程必须拆掉重建,不能保留。为了保证人民群众的生命财产安全、社会安定,政府工程建设主管部门必须严把这个关,这样的工程不能允许流向社会。同时,对造成这些劣质工程的责任主体,要给予严格的处罚。

贯彻落实强制性条文的方法很多,现举两例说明。

例一,通过释义、措施、检查、判定等四个步骤来落实。

【释义】

这种情况是在对工程质量进行鉴定之后,加固补强技术方案制订之前,就能进行判断的情况。由于质量问题的严重,使用加固补强效果不好,或是费用太大不值得加固处理,以及加固处理后仍不能达到保证安全、功能的情况。这种工程不值得再加固处理了,应坚决拆掉。

【措施】

就是用检测手段取得有关数据,特别要处理好检测手段的科学性、可靠性,检测机构要有相应的资质,人员要有相应的资格,持证上岗。召开专家论证会,来确定是否有加固补强的意义,如能采取措施使工程发挥作用的,应尽可能挽救。否则,必须坚决拆除。这条作为强制性条文,必须坚决执行。

【检查】

该工程是否经过检测、召开专家会进行论证,有论证的结论就行,就说明是符合程序的。

【判定】

只要专家论证会的结论是不能加固或虽能加固,但其经济上不合算时,即可判定是正确的。

例二,通过条文内容、图示、说明、措施、检查要点五个步骤来贯彻落实。

（一）条文内容

通过返修或加固处理仍不能满足安全使用要求的分部工程、单位(子单位)工程,严禁验收。

（二）图示

严禁验收项目确定控制,见图5。

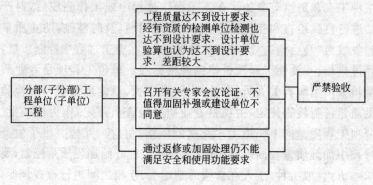

图5 严禁验收项目确定控制图

（三）说明

(1) 满足安全使用要求是指工程质量经有资质的检测单位检测鉴定达不到设计要求,但经原设计单位核算认可能够满足结构安全和使用功能。

(2) 不能验收的工程必须拆除重建。

（四）措施

(1) 由检测单位进行检测取得有关数据。

(2) 召开专家论证会,确定是否返修或加固处理。

（五）检查要点

(1) 检查检测数据及加固处理方案。

(2) 检查专家会议纪要及各方协商文件与设计单位处理意见。

34. 为什么这次验收规范规定生产者自行检查是质量验收的基础?

标准规定工程质量的验收应在班组、企业自行检查评定合格的基础上,由监理工程师或总监理工程师组织有关人员进行验收。

工程质量验收首先是班组在施工过程中的自我检查,自我检查就是按照施工操作工艺的要求,边操作边检查,将有关质量要求及误差控制在规定的限值内。这就要求施工班组搞好自检。自检主要是在本班组(本工种)范围内进行,由承担检验批、分项工程的工种工人和班组等参加。在施工操作过程中或工作完成后,对产品进行自我检查和互相检查,及时发现问题,及时整改,防止质量验收成为"马后炮"。班组自我质量把关,在施工过程中控制质量,经过自检、互检使工程质量达到合格标准。单位工程项目专业质量检查员组织有关人员(专业工长、班组长、班组质量员),对检验批质量进行检查评定,由项目专业质量检查员评定,作为检验批、分项工程质量向下一道工序交接的依据。自检、互检突出了生产过程中加强质量控制。从检验批、分项工程开始加强质量控制,要求本班组(或工种)工人在自检的基础上、互相之间进行检查督促,取长补短,由生产者本身把好质量关,把质量问题和缺陷解决在施工过程中。

自检、互检是班组在分项(或分部)工程交接(检验批、分项完工或中间交工验收)前,由班组先进行的检查;也可是分包单位在交给总包之前,由分包单位先进行的检查;还可以是由单位工程项目经理(或企业技术负责人)组织有关班组长(或分包)及有关人员参加的交工前的检查,对单位工程的观感和使用功能等方面易出现的质量弊病和遗留问题,尤其是各工种、分包之间的工序交叉可能发生建筑成品损坏的部位,均要及时发现问题及时改进,力争工程一次验收通过。

交接检是各班组之间,或各工种、各分包之间,在工序、检验批、分项或分部工程完毕之后,下一道工序、检验批、分项或分部(子分部)工程开始之前,共同对前一道工序、检验批、分项或分部(子分部)工程的检查,经后一道工序认可,并为他们创造了合格的工作条件。例如,基础公司把桩基交给承担主体结构施工的公司,瓦工班组把某层砖墙交给木工班组支模,木工班组把模板交给钢筋班组绑扎钢筋,钢筋班组把钢筋交给混凝土班组浇筑混凝土,建筑与结构施工队伍把主体工程(标高、预留洞、预埋铁件)交给安装队安装水电等等。交接检通常由工程项目经理(或项目技术负责人)主持,由有关班组长或分包单位参加,既是下道工序对上道工序质量的验收,也是班组之间的检查、督促和互相把关。交接检是保证下一道工序顺利进行的有力措施,也有利于分清质量责任和成品保护,也可以防止下道工序对上道工序的损坏。也促进了质量的控制。

在检验批、分项工程、分部(子分部)工程完成后,由施工企业项目专职质量检查员,对工程质量进行检查评定。其中地基与基础分部工程、主体分部工程,由企业技术、质量部门组织到施工现场进行检查评定,以保证达到标准的规定,以便顺利进行下道工序。项目专业质量检查员正确掌握国家验收标准和企业标准,是搞好质量管理的一个重要方面。

以往单位工程质量检查达不到标准,其中一个重要原因就是自检、互检、交接检执行不认真,检查马虎,流于形式,有的根本不进行自检、互检、交接检,干成啥样算啥样。有的工序、检验批、分项、分部以及分包之间,不检查、不验收、不交接就进行下道工序,单位工程不自检就交给用户,结果是质量粗糙,使用功能差,质量不好,责任不清。

质量检查首先是班组在生产过程中的自我检查,就是一种自我控制性的检查,是生产者应该做的工作。按照操作规程进行操作,依据标准进行工程质量检查,使生产出的产品达到标准规定的合格,然后交给工程项目技术负责人,组织进行检验批、分项、分部(子分部)工程质量检查评定。

施工过程中,操作者按规范要求随时检查,体现了谁生产谁负责质量的原则。工程项目专业质量检查员和技术负责人组织检查评定检验批、分项工程质量的检查评定;项目经理组织分部(子分部)工程质量的检查评定;企业技术负责人组织单位(子单位)工程质量的检查评定。在有分包的工程中总包单位对工程质量应全面负责,分包单位应对自己承建的分项、分部、子分部工程的质量负责,这些都体现了谁生产谁负责质量的原则。施工操作人员自己要把关,承建企业自己认真检查评定后才交给监理工程师进行验收。

好的质量是施工出来的,操作人员没有质量意识,管理人员没有质量观念,不从自己的工作做起,想搞好质量是不可能的。所以,这次标准修订过程中,贯彻了《条例》落实质量责任制,对质量终身负责的要求。规定了各质量责任主体都要承担质量责任,各自搞好自身的工作,从检验批、分项工程就严格掌握标准,加强控制,把质量问题消灭在施工过程中,而且层层把关,各负其责,搞好工程质量。

检验批工程质量检查评定由企业专职质量检查员负责检查评定。这是企业内部质量部门的检查,也是质量部门代表企业验收产品质量,保证企业生产合格的产品。检验批、分项工程的质量不能由班组来自我评定,应以专业质量检查员评定的为准。达不到标准的规定,生产者要负责任,企业的质量部门要起到督促检查的作用。企业的专职质量检查员必须掌握企业标准和国家质量验收规范的要求,经过培训持证上岗。

施工企业对检验批、分项工程、分部(子分部)工程、单位(子单位)工程,都应按照企业标准检查评定合格之后,将各验收记录表填写好,再交监理单位(建设单位)的监理工程师、总监理工程师进行验收。企业的自我检查评定是工程验收的基础。

有分包单位时的分包单位所承担工程质量的验收。由于工程规模的增大,专业的增多,工程中的合理分包是正常的,也是必要的,这是提高工程质量的重要措施,分包单位对所承担的工程项目质量负责。并应按规定的程序进行自我检查评定,总包单位应派人参加。分包工程完成后,应将工程的有关资料交总包单位。监理、建设单位进行验收时,总包单位、分包单位的有关人员都应参加验收。以便对一些不足之处及时进行返修。

35. 监理(建设)单位组织的验收是不是工程质量的最终验收？

施工企业的质量检查人员(包括各专业的项目质量检查员)，将企业检查评定合格的检验批、分项工程、分部(子分部)工程、单位(子单位)工程，填好表格后及时交监理单位，对一些政策允许的建设单位自行管理的工程，应交建设单位。监理单位或建设单位的有关人员应及时组织有关人员到工地现场，对该项工程的质量进行验收。监理或建设单位应加强施工过程的检查监督，对工程质量进行全面了解，验收时可采取抽样方法、宏观检查的方法，必要时进行抽样检测，来确定是否通过验收。由于监理人员或建设单位的现场质量检查人员，在施工过程中是进行旁站、平行或巡回检查，根据自己对工程质量了解的程度，对检验批的质量，可以抽样检查或抽取重点部位或是你认为必要查的部位进行检查，如果你认为在施工过程已对该工程的质量情况掌握了，也可以不查。

在对工程进行检查后，确认其工程质量符合标准规定，由有关人员共同签字认可，否则，不得进行下道工序的施工。

如果认为有的项目或地方不能满足验收规范的要求时，应及时提出，让施工单位进行返修。

工程施工和工程质量验收是民事责任，是按照施工合同的约定，由建设(甲方)单位发包，施工(乙方)单位承包，施工承包合同是甲乙双方的事。合同中规定了工程的质量要求，并且应达到国家工程质量验收规范的规定。施工单位达到要求，才算完成了合同的约定。施工单位为了能达到合同和国家工程质量验收规范的规定，应制订完善的施工操作规程、施工工艺，进行有效的控制。由于工程质量事关重大，国家专家作出规定，制订了"工程质量验收规范"，在施工单位自行检查评定合格后，建设单位应按合同和规范的要求进行验收，确认施工单位是否履约。由于工程的庞大和技术复杂，一般建设单位没有专门的高层次的、专业配套的工程技术人员，为确保工程质量，国家规定建设单位可委托工程建设监理单位代为检查验收(部分工程也可自行管理和验收)。监理(建设)单位应按照国家工程质量验收规范的规定进行检查,达到规定即可验收通过。合同也就完成任务。但是由于工程质量社会性较强,如果质量不好,一则影响了国家原材料及能源政策,同时,还可能造成社会危害,危及人民生命财产安全。所以,政府工程建设主管部门还要监督检查,使甲乙双方都能尽到责任,确保工程质量,否则要给予必要的处罚。

36. 为什么规定工程质量的验收程序和组织？

正如前边所述,工程质量是一个特殊的产品,体量大、工期长、重要性突出。政府制订了"工程质量验收规范",明确了质量标准,这些标准的贯彻落实,由甲乙双方以及有关参与工程建设的有关责任主体共同努力来完成。在质量验收规范中,还规定了验收程序和组织,以便规范验收活动,使验收结果有较好的可比性。

(1) 验收程序。验收程序包括二个方面。一是验收的层次,加强过程控制;二是验收的顺序,以明确质量责任。

为了方便工程的质量管理,根据工程特点,把工程划分为检验批、分项、分部(子分部)和单位(子单位)工程。验收的顺序首先验收检验批、或者是分项工程质量验收,再验收分部(子分部)工程质量、最后验收单位(子单位)工程的质量。这是分层次的验收。

对检验批、分项工程、分部(子分部)工程、单位(子单位)工程的质量验收,都是先由施工企业检查评定后,再由监理或建设单位进行验收。这是验收的顺序。

(2) 验收组织。以分清质量责任,责任落实到人,专人负责,有利于质量的追溯性。

标准规定,检验批、分项、分部(子分部)和单位(子单位)工程分别由监理工程师或建设单位的项目技术负责人、总监理工程师或建设单位项目技术负责人负责组织验收。检验批、分项工程由监理工程师、建设单位项目技术负责人组织施工单位的项目专业技术负责任人等进行验收。分部工程、子分部工程由总监理工师、建设单位项目负责人组织施工单位项目负责人(项目经理)和技术、质量负责人及勘察、设计单位工程项目负责人参加验收,这是符合当前多数企业质量管理的实际情况的,这样做也突出了分部工程的重要性。

至于一些有特殊要求的建筑设备安装工程,以及一些使用新技术、新结构的项目,应按设计和主管部门要求组织有关人员进行验收。

各层次的验收,检验批、分项工程、分部(子分部)工程、单位(子单位)工程施工单位自查评定人、监理(建设)单位检查验收人,都要按规定在验收表格上签字负责。如果工程在交用后出现质量问题,是哪部分出了问题,就找哪部分的自行检查评定和检查验收的人,追查他们的质量责任。

37.《建筑工程施工质量验收统一标准》GB 50300—2001第6.0.3条为何定为强制性条文,如何贯彻落实?

第6.0.3条,单位工程完工后,施工单位应自行组织有关人员进行检查评定,并向建设单位提交工程验收报告。

列为强制性条文的目的。单位工程完工后,施工单位应自行组织有关人员进行检查评定,按合同约定完成任务后,并向建设单位提交工程验收报告。这是一条程序性的条文。又是体现了分清质量责任。施工企业应尽的义务,作为强制性条文,将这项工作强化,以促进施工企业的质量管理工作。

贯彻落实的方法很多,举两例说明。例一,是将其分解为释义、措施、检查、判定四个方面的措施来落实。

【释义】

这条规定是体现施工单位对承担施工的工程质量负责的条文,施工单位应自行检查达到合格,才能交给监理单位(建设单位)验收。施工单位应进行的程序,用强制性标准条文规定下来,便于对施工行为的检查和考核。这也有利于分清质量责任,严格建设程序。

【措施】

施工企业的领导层及各部门,必须建立凡出厂的产品应达到国家标准的要求,才算完成了一个生产单位的基本任务,这是一个企业立业之本,所以在生产中必须制订有效措施,确保工程质量。在工程完工之后,用数据、事实来证明自己企业的成果。请用户来给自己的产品质量评价,不断改进或提高自己的质量水平和服务水平。

其措施就是要制订好自己企业的企业标准,来保证完成国家验收规范的要求。施工中提高管理和操作水平,达到一次成活、一次成优,不仅创出新的质量水平,也会创出好的经济效益。

【检查】

检查企业是否建立标准化体系,其企业标准的建立和管理是否落实,质量检查评定制度是否明确。并确定其检查是否认真按标准按程序正确进行。

【判定】

工程完工后,施工单位能及时组织自行检查评定,并进行自我验收,又能及时向建设提交验收报告的,即判定为符合要求。

例二,是将其分解为条文内容、图示、说明、措施、检查要点五个方面的措施来落实。

（一）条文内容

单位工程完工后,施工单位应自行组织有关人员进行检查评定,并向建设单位提交工程验收报告。

（二）图示

施工企业完工报告验收程序,见图6。

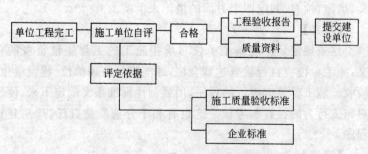

图6 施工企业完工报告验收程序图

（三）说明

工程验收报告汇总，见表9。

工程验收报告汇总表 表9

工程名称		层数/建筑面积	
结构类型		开、竣工日期	
序号	项目	验收记录	
1	报告正文	工程概况、施工经过、控制措施及质量评价	
2	分部工程	共　　分部，经查　　分部， 符合标准及设计要求　　分部	
3	质量控制 资料核查	共　　项，经审查符合要求　　项， 经核定符合规范要求　　项	
4	安全和主要 使用功能核 查及抽查	共核查　　项，符合要求　　项 共抽查　　项，符合要求　　项 经返工处理符合要求　　项	
5	观感质量 验收	共抽查　　项，符合要求　　项 不符合要求　　项	
评定结论			
评定人员	施工单位负责人：　项目负责人：　技术质量负责人：　（公章） 　　　　　　　　　　　　　　　　　　　　　年　月　日		

注：各专项表格、资料、文件附在后面，一并报出。

（四）措施

(1) 要求企业制定出自己不低于国家验收规范标准的企业标准。

(2) 施工中提高管理和操作水平，达到一次验收通过。

（五）检查要点

检查工程验收报告，汇总及其附件内容。

38.《建筑工程施工质量验收统一标准》GB 50300—2001 第6.0.4条为何定为强制性条文，如何贯彻落实？

第6.0.4条，建设单位收到工程验收报告后，应由建设单位

(项目)负责人组织施工(含分包单位)、设计、监理等单位(项目)负责人进行单位(子单位)工程验收。

列为强制性条文的目的。建设单位收到工程验收报告后,应由建设单位(项目)负责人组织施工(含分包单位)、设计、监理等单位(项目)负责人进行单位(子单位)工程验收。

这条也是一个程序性条文,也是明确建设单位的质量责任,以维护建设单位的利益和国家利益,给工程投入使用前,进行一次综合验收,以确保工程的使用安全和合法性。

贯彻落实的方法很多,下面举两例来说明。

例一,将分解为释义、措施、检查、判定四个方面的措施来落实。

【释义】

这条规定是体现建设单位对建设项目质量负责的条文,建设单位应组织有关人员按设计、施工合同要求,全面检查工程质量,做出验收或不验收的决定。这是建设单位应进行的义务和程序,用强制性标准条文规定下来,便于对建设单位的质量行为进行检查。也是建设单位对工程的一次全面评价检查,对工程项目进行总结的一个重要部分。

【措施】

建设单位应制订工程管理制度,将工程竣工验收作为一项重要内容,有监理单位的要求监理单位协助做好有关技术工作和具体事项。按规定,在接到施工单位提交的工程质量验收报告后,在规定时间内,组织竣工验收。在实际工作中,不一定等施工单位的报告,可同时进行准备竣工验收事项,报告只是一个程序而已。按验收程序及工程质量验收规范的规定,逐项进行检查、评价。技术工作应由监理单位提供有关资料。在综合验收的基础上,最后给出通过或不通过的综合验收结论。

【检查】

检查建设单位是否按程序组织验收,以及验收的标准是否适当,是不是形成走过场等。

【判定】

对符合有关规定,进行验收的,则判定为符合要求。对不进行竣工验收、不按程序、不按验收规范规定进行验收,或将不合格项目验收为合格等都是违法的。将按有关规定给予处罚。

例二,是将其分解为条文内容、图示、说明、措施、检查要点五个方面的措施来落实。

(一)条文内容

建设单位收到工程验收报告后,应由建设单位(项目)负责人组织施工(含分包单位)、设计、监理等单位(项目)负责人进行单位(子单位)工程验收。

(二)图示

建设单位组织工程验收程序,见图7。

图7 建设单位组织工程验收程序图

(三)说明

(1)工程竣工验收应当具备下列条件

① 完成建设工程全部设计和合同约定的各项内容,达到使用要求;

② 有完整的技术档案和施工管理资料;

③ 有工程使用的主要建筑材料、构配件和设备的合格证及进场试验报告;

④ 有勘察、设计、施工图审查机构、施工、监理等分别签署的质量合格文件;

⑤ 有施工单位签署的工程保修书。

(2)工程竣工验收程序

① 施工单位完成设计图纸和合同约定的全部内容后,自行组

织验收,并按国家有关技术标准自评质量合格,由施工单位法人代表和技术负责人签字、盖公章后,提交监理单位,未委托监理的工程直接交建设单位;

② 监理单位审查竣工报告,提出质量评估报告并经监理单位法人代表和总监签字、盖公章;

③ 建设单位办理消防、环保等有关专项验收证明文件;

④ 建设单位审查竣工报告,并组织设计、施工、监理、施工图审查机构等单位进行竣工验收,由质量监督部门实施验收监督;

⑤ 验收通过由建设单位编制工程竣工验收报告,有关责任主体单位(项目)负责人签字,并加盖单位公章。

(3) 建设单位组织工程竣工验收

① 建设、勘察、设计、施工、监理单位分别汇报工程合同履约情况和在工程建设各个环节执行法律、法规和工程建设强制性标准的情况;

② 审阅建设、勘察、设计、施工、监理单位的工程档案资料;

③ 实地查验工程质量;

④ 对工程勘察、设计、施工、设备安装质量和各管理环节等方面做出全面评价,通过验收,形成经验收组人员签署的工程竣工验收意见。

参与工程竣工验收的建设、勘察、设计、施工、监理等各方不能形成一致意见时,应当协商提出解决的方法,待意见一致后,重新组织工程竣工验收。

(4) 负责监督该工程的工程质量监督机构应当对工程竣工验收的组织形式、验收程序、执行验收标准等情况进行现场监督,发现有违反建设工程质量管理规定行为的,责令改正,并将对工程竣工验收的监督情况作为工程质量监督报告的重要内容。

(四) 措施

(1) 建设单位制定工程竣工验收管理制度。

(2) 监理单位协助做好有关验收工作和具体事项。

(五) 检查要点

(1) 检查参加验收人员的资格。
(2) 检查验收的组织形式、验收程序、执行标准等情况。

39.《建筑工程施工质量验收统一标准》GB 50300—2001 第6.0.7条为何定为强制性条文,如何贯彻落实?

第6.0.7条,单位工程质量验收合格后,建设单位应在规定时间内将工程竣工验收报告和有关文件,报建设行政管理部门备案。

列为强制性条文的目的。单位工程质量验收合格后,建设单位应在规定的时间内,向建设行政主管部门备案。

这是一条程序性的条文,列为强制性条文,是为了提高建设单位的责任心,体现社会主义市场经济下,政府对人民的负责,督促建设单位搞好工程建设、符合国家工程质量验收规范的要求。工程是一个特殊的产品,社会性很强,其质量不好,会危及人民生命安全和社会稳定。也是政府规定建设单位应尽工程质量责任主体的最后一道重要程序,以确保工程的使用安全。

贯彻落实的方法很多,下面举两例来说明。

例一,是将其分解为释义、措施、检查、判定四个方面的措施来落实。

【释义】

这条是程序性的规定,是体现建设单位对工程项目负责的条文,一个工程有开始,有结束,是完整的。体现了一个工程建设过程的全面完成,是法律、法规规定工程启用的必要条件,也便于对建设单位质量行为的检查。是确保工程质量安全的一个重要程序,也是最后一道程序。

【措施】

措施是建设单位应遵守国家建设法规,做好一个建设质量责任主体的职责,主动制定有关规定,及时整理资料,在规定期限内向建设行政主管部门备案。在实际运行中,备案资料应边验收就边准备就绪,监理单位要协助做好有关准备工作。

【检查】

检查其平时是否做好有关竣工备案的各项准备工作,及时向政府进行备案。

【判定】

在规定时限内，提出完整的备案文件，向建设行政主管部门备案，判定为符合要求。

在规定时限内不向建设行政主管部门备案，或资料不全备案的单位是不予接收的，以及边备案就开始使用的，更严重的不备案就使用的，都是违法的。应判定为不符合要求，并按有关规定给予处罚。

例二，是将其分解为条文内容、图示、说明、措施、检查要点五个方面的措施来落实。

（一）条文内容

单位工程质量验收合格后，建设单位应在规定时间内将工程竣工验收报告和有关文件，报建设行政管理部门备案。

（二）图示

建设单位竣工备案程序，见图8。

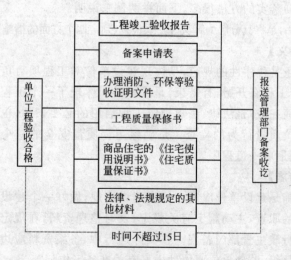

图8　建设单位竣工备案程序图

（三）说明

(1) 建设单位组织竣工验收通过验收。

(2) 工程竣工验收合格后,建设单位应当及时提出工程竣工验收报告。工程竣工验收报告主要包括工程概况,建设单位执行基本建设程序情况,对工程勘察、设计、施工、监理等方面的评价,工程竣工验收时间、程序、内容和组织形式,工程竣工验收意见等内容(附有关表格,如房屋建筑工程和市政基础设施工程竣工验收备案表(表10))。

房屋建筑工程和市政基础设施工程竣工验收备案表　　表10

建设单位名称			
备 案 日 期			
工 程 名 称			
工 程 地 点			
建筑面积(m^2)			
结 构 类 型			
工 程 用 途			
开 工 日 期			
竣工验收日期			
施工许可证号			
施工图审查意见			
勘察单位名称		资 质 等 级	
设计单位名称		资 质 等 级	
施工单位名称		资 质 等 级	
监理单位名称		资 质 等 级	
工程质量监督机构名称			

续表

工程竣工验收备案文件目录	1. 工程竣工验收报告； 2. 工程施工许可证； 3. 施工图设计文件审查意见； 4. 单位工程质量综合验收文件； 5. 规划、消防、环保部门出具的认可文件或准许使用文件； 6. 施工单位签署的《建设工程质量保修书》； 7. 商品住宅的《住宅质量保证书》和《住宅使用说明书》； 8. 法规、规章、规定必须提供的其他文件。
备案意见	该工程的竣工验收备案文件已于　　年　月　日收讫,文件齐全。 （公章） 　　年 月 日
备案机关负责人	备案经手人

续表

竣工验收意见	勘察单位意见	单位(项目)负责人： （公章） 年 月 日
	设计单位意见	单位(项目)负责人： （公章） 年 月 日
	施工单位意见	单位(项目)负责人： （公章） 年 月 日
	监理单位意见	总监理工程师： （公章） 年 月 日
	建设单位意见	单位(项目)负责人： （公章） 年 月 日

续表

备案机关处理意见:

(公章)
年　月　日

(3) 在规定时限内备齐备案文件到当地建设行政主管部门备案。

(四) 措施

建设行政主管部门执行备案程序,文件符合要求的收讫文件。

(五) 检查要点

检查备案文档及备案时效性。对延期备案或不进行备案擅自使用的,依法给予经济和行政处罚。

40. 强制性条文检查时如何进行记录?

强制性条文的检查,重点是检查其措施制订的具体可操作性好,有针对性;能否落实到位,落实的制度是否健全,责任是否明确到人,出现问题能否自行及时纠正;实施结果是否正确,达到规定的质量要求。

通常检查过程记录用自己制订的记录表,检查结果有的同志认为分成三个等级好,有的认为分成四个等级好。现用一个四个等级的记录来举例说明。其将每个条文分为 A、B、C、D 四个等级执行。好、比较好、一般、差,即 A、B、C、D。

A. 表示符合强制性标准,措施具体有针对性,落实到位,结果正确;

B. 措施及落实较好,个别部位可能违反强制性标准,经检测单位检测,设计单位核定后,判定能符合强制性标准;

C. 措施基本有,大部分落实,有些部位违反强制性标准,经过返修处理等,基本能达到强制性标准;

D. 措施基本没有,落实不到位,结果达不到要求,严重违反强制性标准。

由多项内容组成为一条强制性条文时,取最低项判定为该条的判定。

将每个条文分为三个等级的,是将 A、B 合并在一起,分为好及比较好、一般、差,即 A、B、C 三个等级。其方法都是一样的。后边将统一标准中的 6 个强制性条文列表来予以说明,见表 11。

建筑工程施工强制性条文检查记录　　表11

工程所在地：　　　　　　　检查时间：　　年　月　日

工程名称			结构类型	
建设单位			受检部位	
施工单位			负责人	
项目经理		技术负责人	开工日期	

《建筑工程施工质量验收统一标准》GB 50300—2001

条号	项目	检查内容	判定 A	B	C	D
3.0.3	施工质量验收					
	技术标准	统一标准和各专业验收规范配套使用				
	勘察、设计	符合施工图设计文件及勘察报告				
	人员资格	项目经理、技术负责人、质检员、监理工程师资格				
	验收程序	施工自检、监理（建设单位）验收				
	隐蔽工程验收	施工单位组织、请有关单位参加，形成文件				
	见证取样检测	按规定见证取样送检				
	检验批	主控项目和一般项目的内容不能扩大				
	抽样检测	结构安全、使用功能项目抽测，制订制度、检测结果				
	检测单位	单位资质、人员资格过程的规范性				
	观感质量	监理人员资格，到现场共同确认				
5.0.4	单位（子）单位工程验收	分部（子分部）、控制资料、安全和功能检测、抽查结果、观感验收				
5.0.7	严禁验收	论证、加固、判定				
6.0.3	施工单位验收报告	自检评定合格，向建设单位写出报告				
6.0.4	工程验收	建设单位验收程序、组织人员及执行标准				
6.0.7	工程备案	备案文件准备、时间				

41. 施工现场质量管理检查记录表如何检查和记录？

该表是《建筑工程施工质量验收统一标准》GB 50300—2001 第 3.0.1 条的附表，健全的质量管理体系的具体要求。一般一个施工现场、一个标段或一个单位（子单位）工程检查一次，在开工前检查，由施工单位现场负责人填写，由监理单位的总监理工程师（建设单位项目负责人）验收。下面分三个部分来说明检查的判定和填表要求填写方法。

（一）表头部分

填写参与工程建设各方责任主体的概况。由施工单位的现场负责人填写。

工程名称栏。应填写工程名称的全称，与合同或招投标文件中的工程名称一致。

施工许可证（开工证），填写当地建设行政主管部门批准发给的施工许可证（开工证）的编号及日期。

建设单位栏填写合同文件中的甲方，单位名称也应写全称，与合同签章上的单位名称相同。建设单位项目负责人栏，应填合同书上签字人或签字人以文字形式委托的代表——工程的项目负责人。工程完工后竣工验收备案表中的单位项目负责人应与此一致。

设计单位栏填写设计合同中签章单位的名称，其全称应与印章上的名称一致。设计单位的项目负责人栏，应是设计合同书签字人或签字人以文字形式委托的该项目负责人，工程完工后竣工验收备案表中的单位项目负责人也应与此一致。

监理单位栏填写单位全称，应与合同或协议书中的名称一致。总监理工程师栏应是合同或协议书中明确的项目监理负责人，也可以是监理单位以文件形式明确的该项目监理负责人，必须有监理工程师任职资格证书，专业要对口。

施工单位栏填写施工合同中签章单位的全称，与签章上的名称一致。项目经理栏、项目技术负责人栏与合同中明确的项目经理、项目技术负责人一致。中间更换必须有建设单位认可的书面文件。单位、人员名称可存在计算机里,调出来用时是一致的。

表头部门可统一填写,不需具体人员签名,只是明确了负责人的地位。

(二) 检查项目部分

填写各项检查项目文件的名称或编号,并将文件(复印件或原件)附在表的后面供检查,检查后应将文件归还施工单位。

(1) 现场质量管理制度。主要是图纸会审、设计交底、技术交底、原材料进场检验制度、工序质量控制制度、工序交接、质量检查评定、质量验收制度,质量奖罚办法,以及质量例会制度及质量问题处理制度等。

(2) 质量责任制栏,这也是质量管理制度,为了引起重视将其单列出来,质量负责人的分工,各项质量责任的落实规定,岗位责任及定期检查制度等。

(3) 主要专业工种操作上岗证书栏。测量工,起重、塔吊等垂直运输司机,钢筋、混凝土、机械、焊接、瓦工、防水工等建筑结构工种。

电工、管道等安装工种的上岗证,以当地建设行政主管部门的规定为准。

(4) 分包方资质与对分包单位的管理制度栏。专业承包单位的资质应在其承包业务的范围内承建工程,超出范围的应办理特许证书,否则不能承包工程。在有分包的情况下,总承包单位应有管理分包单位的制度,主要是质量、技术的管理制度等。

(5) 施工图审查情况栏,重点是看建设行政主管部门出具的施工图审查批准书及审查机构出具的审查报告。如果图纸是分批交出的话,施工图审查可分段进行。

(6) 地质勘察资料栏:有勘察资质的单位出具的正式地质勘察报告,供地下部分施工方案制定和施工组织总平面图编制时参考等。

(7) 施工组织设计、施工方案及审批栏。检查编写内容、有针对性的具体措施,编制程序、内容,有编制单位、审核单位、批准单位,并有贯彻执行的措施。

(8) 施工技术标准栏。是操作的依据和保证工程质量的基础,承建企业应编制不低于国家质量验收规范的操作规程等企业标准。要有批准程序,由企业的总工程师、技术委员会负责人审查批准,有批准日期、执行日期、企业标准编号及标准名称。企业应建立技术标准体系及技术档案。施工现场应有的施工技术标准都应配备。可作为培训工人、技术交底和施工操作的主要依据,也是质量检查评定的标准。

(9) 工程质量检验制度栏。包括三个方面的检验,一是原材料、设备进场检验制度;二是施工过程的试验;三是竣工后的抽查检测,由于每个工程都不一样,应专门制订抽测项目、抽测时间、抽测单位等计划,使监理、建设单位等都做到心中有数。由于每个工程都不一样,可以单独搞一个计划,也可在施工组织设计中作为一项内容。原材料的检验制度,施工过程的试验每个企业都有,将其拿到施工现场来就行了。

(10) 搅拌站及计量设置栏。主要是说明设置在工地搅拌站的计量设施的精确度、管理制度、预拌混凝土运送计划等内容。预拌混凝土或安装专业就没有这项内容。

(11) 现场材料、设备存放与管理栏。这是为保持材料、设备质量必须有的措施。要根据材料、设备性能制订管理制度,建立相应的库房等。

(三) 检查项目填写内容

(1) 直接将有关资料的名称写上,资料较多时,也可将有关资料进行编号,将编号填写上,注明份数。

(2) 填表时间是在开工之前,由施工单位现场负责人填写。监理单位的总监理工程师(建设单位项目负责人)应对施工现场进行检查,这是保证开工后施工顺利和保证工程质量的基础,目的是做好施工前的准备,使工程质量从一开始就得到有效的控制。

(3) 填写由施工单位负责人填写,填写之后,并将有关文件的原件或复印件附在后边,请总监理工程师(建设单位项目负责人)验收核查,验收核查后,返还施工单位,并签字认可。不得将资料留下,如个别资料要复印留下,必须征得施工单位的同意。

(4)通常情况下一个工程的一个施工现场一个标段或一个单位工程只查一次,如分段施工、人员更换,或管理工作不到位时,可再次检查。

(5)如总监理工程师或建设单位项目负责人检查验收不合格,施工单位必须限期改正,否则不许开工。对一些大型工程,有的资料也可分其配备。

填写式样见表 A,施工现场质量管理检查记录表。

施工现场质量管理检查记录表　　　　　　　　　表 A

开工日期：　　　　　　　　　2002 年 5 月 18 日

工程名称	北京中华小区 4 号住宅楼		施工许可证(开工证)		京施 0200318
建设单位	北京市建设开发公司		项目负责人		李小东
勘察单位	大地工程勘察院		项目负责人		刘子玉
设计单位	大地设计事务所		项目负责人		田北
监理单位	五环监理公司		总监理工程师		郝大海
施工单位	北京市朝天建筑工程公司	项目经理	王大有	项目技术负责人	刘玉河
序号	项目	内容			
1	现场质量管理制度	①质量例会制度;②月评比及奖罚及质量与经济挂勾制度;③三检及交接检制度;④材料进场检验制度;⑤工序质量控制制度。			
2	质量责任制	①岗位责任制;②设计交底会制度;③技术交底制;④挂牌制度。			
3	主要专业工种操作上岗证书	测量工、钢筋工、起重工、电焊工、架子工有证			
4	分包方资质与对分包单位的管理制度				

续表

序号	项 目	内 容
5	施工图审查情况	审查报告及审查批准书京设02006
6	地质勘察资料	地质报告书
7	施工组织设计、施工方案及审批	施工组织设计、编制、审核、批准齐全
8	施工技术标准	有模板、钢筋、混凝土灌筑等20多种
9	工程质量检验制度	① 有原材料及施工检验制度；②抽测项目的检测计划
10	搅拌站及计量设置	有管理制度和计量设施精确度及控制措施，预拌混凝土运送计划等。
11	现场材料、设备存放与管理	钢材、砂、石、水泥及玻璃、地面砖等建材、设备的管理办法

检查结论：

现场质量管理制度基本完整。

总监理工程师　　　　郝大海
（建设单位项目负责人）　2002年5月10

42. 检验批质量验收表的名称及编号是如何确定的？

由于检验批数量较多，为了查找方便，对其表的名称及编号作了专门的研究。

（1）表的名称

检验批验收表的基表为《建筑工程施工质量验收统一标准》GB 50300—2001附录D.0.1表。对每个分项工程的检验批应制订专用表。

检验批由监理工程师或建设单位项目技术负责人组织项目专业质量检查员等进行验收，表的名称应在制订专用表格时就印好，前边印上分项工程的名称，如"混凝土施工检验批质量记录表"，表的名称下边注上"质量验收规范的编号",如"GB 50204—2002"。

(2) 表的编号

检验批表的编号按全部施工质量验收规范系列的分部工程、子分部工程统一为8位数的数码编号,写在表的右上角,前6位数字均印在表上,后二个□,检查验收时填写检验批的顺序号。其编号规则为:

前边两个数字是分部工程的代码,01～09。地基与基础为01,主体结构为02,建筑装饰装修为03,建筑屋面为04,建筑给水排水及采暖为05,建筑电气为06,智能建筑为07,通风与空调为08,电梯为09。

第3、4位数字是子分部工程的代码。子分部工程已在统一标准附录B表中列出,按顺序排列。

第5、6位数字是分项工程的代码。也在统一标准附录B表中列出,按顺序排列。

其顺序号见统一标准附录B,表B.0.1,建筑工程分部(子分部)工程、分项工程划分表。

第7、8位数字是各分项工程检验批验收的顺序号。由于在大体量高层或超高层建筑中,同一个分项工程会有很多检验批的数量,故留了2位数的空位置,可列99项。如果再多,还可再列一组99项。

如地基与基础分部工程,无支护土方子分部工程,土方开挖分项工程,其检验批表的编号为010101□,第一个检验批编号为:010101 [0][1],依次类推。

还需说明的是,有些子分部工程中有些项目可能在两个分部工程中出现,这就要在同一个表上编2个分部工程及相应子分部工程的编号;如砖砌体分项工程在地基与基础和主体结构中都有,砖砌体分项工程检验批的表编号为:010701□□、020301□□。

有些分项工程可能在几个子分部工程出现,这就应在同一个检验批表上编几个分部工程及子分部工程的编号。如建筑电气的接地装置安装,在室外电气、变配电室、备用和不间断电源安装及防雷接地安装等子分部工程中都有。

其编号为：060109☐☐
　　　　　060206☐☐
　　　　　060608☐☐
　　　　　060701☐☐

编号中的第5、6位数字分别是：第一行09,是室外电气子分部工程的第9个分项工程,第二行的06是变配电室子分部工程的第6个分项工程,其余类推。

另外,有些规范的分项工程,在验收时也将其划分为几个不同的检验批来验收如混凝土结构子分部工程的混凝土分项工程,分为原材料及配合比设计、混凝土施工2个检验批来验收。又如建筑装饰装修分部工程建筑地面子分部工程中的基层分项工程,其中有几种不同的检验批。故在其表名下加标罗马数字(Ⅰ)、(Ⅱ)、(Ⅲ)……以表示同一类型的分项工程,其材料不同分为几个检验批来验收。

43. 检验批质量验收表的填写应注意哪些问题？

检验批质量验收是工程质量验收的基础,其掌握的好坏,对整个工程质量的好坏,有举足轻重的作用。所以,做好检验批质量验收表的填写,就是一个重点工作。下边分六个方面来讲述：

（1）表头部分的填写

① 检验批表编号的填写,首先选好该检验批的用表,在2个方框内填写检验批序号,由01开始,顺序填写。如为第11个检验批则填写 ① ①。

② 单位(子单位)工程名称,按合同文件上的单位工程名称填写,子单位工程标出该部分的位置。分部(子分部)工程名称,按验收规范划定的分部(子分部)名称填写。验收部位是指在验收即一个分项工程中的验收的那个检验批的抽样范围,要标注清楚,如一层①～⑮轴线砖砌体。

施工单位、分包单位、填写施工单位的全称,与合同上公章名称相一致。项目经理填写合同中指定的项目负责人。在装饰、安装分部工程施工中,有分包单位时,也应填写分包单位全称,分包单位的项目经理也应是合同中指定的项目负责人。这些人员由填表人填写不要本人签字,只是标明他是项目负责人。

③ 施工执行标准名称及编号栏的填写

这是这次验收规范编制的一个基本思路,由于验收规范只列出验收的质量指标,其操作工艺等只提出一个原则要求,具体的操作工艺就靠企业标准了。只有按照不低于国家质量验收规范的标准来操作,才能保证国家验收规范的实施。如果没有具体的操作工艺,保证工程质量就是一句空话。企业必须制订企业标准(操作工艺、工艺标准、工法等),来进行培训工人,技术交底,来规范工人班组的操作。为了使操作工艺等能成为企业的标准体系的重要组成部分,企业标准应有编制人、批准人、批准时间、执行时间、标准名称及编号。填写表时只要将标准名称及编号填写上,就能在企业的标准系列中查到其详细情况,并要在施工现场有这项标准,工人在执行这项标准。

(2) 质量验收规范的规定栏的填写

质量验收规范的规定栏填写具体的质量要求,在制表时就已填写好国家质量验收规范中主控项目、一般项目的全部内容。但由于表格的地方小,多数指标不能将全部内容填写下,所以,只将质量指标归纳、简化描述或题目及条文号填写上,作为检查内容提示。以便查对验收规范的原文;对是数据的检验项目,将数据直接写出来。对是文字叙述的检验项目,只将简述、题目及条文号写上的,这些项目的主要要求用注的形式放在表的背面。如果是将验收规范的主控、一般项目的内容全摘录在表的背面,这样方便查对验收条文的内容。根据以往的经验,这样做就会引起只看表格,不看验收规范的后果,规范上还有基本规定、一般规定等内容,它们虽然不是主控项目和一般项目的条文,但这些内容也是验收主控项目和一般项目的依据。所以验收规范的质量指标不宜全抄过来,故只将其主要要求及如何判定注明。这些在制表时就印上去了。

(3) 主控项目、一般项目施工单位检查评定记录栏的填写

填写方法分为以下几种情况,首先是施工企业的质量控制,其次是按企业的操作工艺进行操作,企业自行检查评定也应按企业的操作工艺来进行。先按企业标准评定、评价,对达不到企业标准,但能达到国家验收规范的项目,虽可判定合格交付验收,但应对企业标准进行审查和改进。判定验收不验收均按施工质量验收规范进行判定。

主控项目的填写

① 对定量项目直接填写检查的数据;

② 对定性项目,当符合规范规定时,采用打"√"的方法标注;当不符合规范规定时,采用打"×"的方法标注。

③ 有混凝土、砂浆强度等级的检验批,按规定制取试件后,可填写试件编号,待试件试验报告出来后,对检验批进行判定,并在分项工程验收时进一步进行强度评定及验收。

④ 对既有定性又有定量的项目,各个子项目质量均符合规范规定时,采用打"√"来标注;否则采用打"×"来标注。

一般项目填写

⑤ 对一般项目合格点有要求的项目,应是其中带有数据的定量项目;定性项目必须基本达到。对有的验收规范在定量项目其中每个项目都必须有80%以上(混凝土保护层为90%)检测点的实测数值达到规范规定。其余20%按各专业施工质量验收规范规定,不能大于150%,钢结构为120%,就是说有数据的项目,除必须达到规定的数值外,其余可放宽的,最大放宽到150%。对有的验收规范没有规定80%的要求的,应按该规范规定全部达到要求。

"施工单位检查评定记录"栏的填写,有数据的项目,将实际测量的数值填入格内,超企业标准的数字,而没有超过国家质量验收规范的用"O"将其圈住;对超过国家质量验收规范而没有超过1.5

倍的用"△"圈住,以便计算80%的规定。对有项目超过国家质量验收规范规定数据的则应判为不合格。

(4) 监理(建设)单位验收记录栏的填写

通常监理人员应进行平行、旁站或巡回的方法进行监理,在施工过程中,对施工质量进行察看和测量,并参加施工单位的重要项目的检测。对新开工程或首件产品进行全面检查,以了解质量水平和控制措施的有效性及执行情况。在整个过程中,随时可以测量等。在检验批验收时,对主控项目、一般项目应逐项进行验收。对符合验收规范规定的项目,填写"合格"或"符合要求",对不符合验收规范规定的项目,暂不填写,待处理后再验收,但应做标记。

监理人员在验收过程中,除了平时了解的情况外,应自己进行检查和测量,也可以抽测或全部检查。也可以相信施工企业的检查结果和数据。

(5) 施工单位检查评定结果栏的填写

施工单位自行检查评定合格后,应注明"主控项目全部合格,一般项目满足规范规定要求"。

专业工长(施工员)和施工班、组长栏目由本人签字,以示承担责任。专业质量检查员代表企业逐项检查评定合格,将表填写并写清楚明确的结果,填写上"检查评定合格"的结论,签字后,交监理工程师或建设单位项目专业技术负责人验收。施工企业自行检查达不到验收要求的项目,不能交给监理(建设)单位进行验收,因为这样监理(建设)单位不验收,就会给施工单位留下不良行为的记录,这样对施工单位的信誉影响会很大。

(6) 监理(建设)单位验收结论栏的填写

主控项目、一般项目验收合格,混凝土、砂浆试件强度待试验报告出来后判定,其余项目已全部验收合格。注明"同意验收"。专业监理工程师建设单位的专业技术负责人签字。

填写式样见表B,砖砌体工程检验批质量验收记录表。

砖砌体工程检验批质量验收记录表

表 B

GB 50203—2002

010701□□
020301 0 1

单位(子单位)工程名称			北京中华小区4号住宅楼		
分部(子分部)工程名称			主体分部	验收部位	一层墙
施工单位			北京朝天建筑工程公司	项目经理	王大有
施工执行标准名称及编号			QJ68.006—2002砌砖工艺标准		
质量验收规范的规定				施工单位检查评定记录	监理(建设)单位验收记录
主控项目	1	砖强度等级	MU10	2份试验报告、京试2002-018、023	符合要求
	2	砂浆强度等级	M10	试块编号6月10日4-06	
	3	水平灰缝砂浆饱满度	≥80%	90、96、97、90、95、96	
	4	斜槎留置	第5.2.3条	水平投影不小于高度2/3	
	5	直槎拉结筋及接槎处理	第5.2.4条	√	
	6	轴线位移	≤10mm	20处平均4mm，最大7mm	
	7	垂直度(每层)	≤5mm	3 4 3 4 3 3 3 5 4 3	
一般项目	1	组砌方法	第5.3.1条	√	符合要求
	2	水平灰缝厚度10mm	8～12mm	√	
	3	基础顶面、楼面标高	±15mm	6 5 7 3 7 9	
	4	表面平整度(混水)	8mm	4 6 3 3	
	5	门窗洞口高宽度	±5mm	2 2 3 ⑤ 4 2 1 2 ⑤ 4	
	6	外墙上下窗口偏移	20mm	11 8 6 10	
	7	水平灰缝平直度	10mm	5 ⑫ 8 7	
		专业工长(施工员)		杨南	施工班组长	王二旦
施工单位检查评定结果		检查评定合格 项目专业质量检查员：郭方正　　2002年6月11日			
监理(建设)单位验收结论		同意验收 　　专业监理工程师：王育青 (建设单位项目专业技术负责人)　　2002年6月11日			

131

44. 检验批质量验收记录表中,"施工单位检查评定结果"栏中的专业工长(施工员)、施工班组长的栏格为什么那样设置?

专业工长(施工员)、施工班组长是施工操作的第一线最基层的责任者,应该对他们有所责任记录,以促进他们的责任和追查。但放在什么地方,大家意见不一致,在统一标准定稿时,在附录D基样表中,就将先放在表头的内容中了,以示他们的责任。但在制订具体的检验批质量验收记录表,大家的意见是,表头部分的填写不要本人签字,由填表人填写上就行了。但在目前工程的管理中,专业工长(施工员)、施工班组长的固定性比较差,特别是施工班组长,很不固定,将其写在表头上,第一他不知道他负什么责任;第二真到找他负责时也找不到了。放在那里起不到什么作用。有人建议取消,但也有人认为不能取消,因为他们对质量也是有一定责任的。最后,就放在"施工单位检查评定结果"栏中的上边格内。放在这里可这样解释:在企业内部进行检查评定时,由项目专业质量检查员组织,专业工长(施工员)、施工班组长都应该参加,他们参加检查评定的过程,使其了解质量的要求和指标,有利于其掌握标准。同时,验收达不到标准,返工返修也能及时进行,对其也是个促进。他们的签字就更能促使其有责任感。但是他们的名字又不能放在该栏的下边。下边只有项目专业质量检查员一个签名负责就行了。这是责任落实到人的一个措施,所有验收表的签名交接方均各为一个。后来就将专业工长(施工员)、施工班组长的签名放在该栏的上边格内,作为企业内部的交接管理,本人要签字。专业工长(施工员)、施工班组长对外不负责任。这样虽勉强,也还能说得过去。

45. 国家工程质量验收规范和施工执行标准是什么关系?

国家工程质量验收规范是指以《建筑工程施工质量验收统一标准》为首的一套"建筑工程质量验收规范"等15个验收规范的系

列标准。"施工执行标准"是指企业为了落实"质量验收规范"企业自行编写的操作工艺、作业指导书,企业工法等企业标准。由于质量验收规范在编制时,按照工程建设标准体系改革的思路,验收规范只列出了工程的质量指标,对施工工艺、程序等只是原则提示。具体的操作工艺或操作标准国家没有规定,要由施工企业自行编制。两者的关系,前者是国家验收依据,后者是企业操作的依据。因为全国这么大,一个规范、标准将某一工程的施工方法或工艺都规定下来是不可能的,各个地区、各个企业都有自己的不同情况、不同条件,对同一项工程的施工方法,可以发挥各自的优势,采用不同的方法来施工。这样的好处有三点:

第一、有利于深入学习国家质量验收规范。企业为了贯彻执行质量验收规范,自己编写施工工艺等企业标准,他们必须研究国家质量验收规范的要求,把各项质量指标的要求弄清楚才能落实到施工工艺中去,来达到国家质量验收规范的要求。这个过程对国家质量验收规范的学习,要比一般学习规范深入得多。

第二、有利于调动企业技术人员、操作人员的积极性。企业自行编制技术标准,企业的技术人员要研究自己企业的技术条件、人员、设备条件、管理制度等一系列的情况,操作人员、管理人员也要参与,只有这样才能将标准编制的好。编制的标准通过实践能施工出合格的工程来,这样就会提高全体人员的情绪和成就感。自行编制企业标准的最大好处还在于,能随着工作的改进而改进,不断改进操作技能、方法、工具、器具,提高标准水平,提高工程质量和经济效益,以及提高全企业的配合、协调能力,调动了全企业人员的积极性。

第三、有利提高企业的技术水平和标准化水平。企业自行编制企业标准,就要建立一定的程序和制度,将标准编制的程序、要求、协调好,建立企业标准的管理制度。将企业标准编制、审核、批准、批准时间、执行时间、标准名称、编号以及标准修订制度等都规范起来。随着企业标准的不断修订,企业的技术水平也不断提高。就会带动整个企业工作的标准化、规范化。企业有了代表企业技术水平的标准,将会提高企业的社会信誉。

总的来说,这样一个标准体系,能发动大家来参与,比只是硬性贯彻要好的多。

说　明

主控项目:

1. 砖强度等级。按设计要求检查和验收,砖应有检验报告,批量及强度满足设计要求为合格。

2. 砂浆强度等级。砂浆有试验报告,计量配制,按规定留试块,在试块强度未出来之前,先将试块编号填写,出来后核对,并在分项工程中,按批进行评定,符合要求为合格。

3. 水平灰缝砂浆饱满度。用百格网检查,每检验批不少于5处,每处3块砖,砖底面砂浆痕迹的面积,取平均值,不小于80%为合格。

4. 斜槎留置。按规范留置,检查20%的斜槎,水平投影长度不小于高度的2/3为合格。

5. 直槎拉结筋及接槎处理。按规定设置,留槎正确,拉结筋数量、直径正确,竖向间距偏差±100mm,留置长度基本正确为合格。

6. 轴线位置偏移10mm,经纬仪、尺量及吊线测量,不大于10mm为合格。

7. 垂直度每层5mm,2m托线板检查,不超过5mm为合格。

一般项目:

1. 组砌方法。上下错缝,内外塔砌,砖柱不用包心砌法。混水墙≥300mm的通缝,每间房不超过3处,且不得在同一墙体上,为合格。清水墙不得有通缝。

注:上下二皮砖搭接长度小于25mm的为通缝。

2. 水平灰缝厚度10mm。每20m查1处,量10皮砖砌体高度折算,按皮数杆10皮砖的高度计算。10皮砖在—8mm,+12mm范围内为合格。

3. 基础顶面、楼面标高±15mm。

4. 表面平整度混水墙 8mm。

5. 门窗洞口高宽度（后塞口）±5mm。外墙上下窗口偏移 20mm。

6. 水平灰缝平直度 10mm。

各项目 80％检测点应满足要求，其余 20％点超过允许值，对于有些项目检测点较少，只有一点超过允许偏差值，也可按不超过 20％处理。但不得超过其值的 150％，即为合格，否则，返工处理。

46. 分项工程质量验收及记录表填写时应注意什么？

分项工程验收表为《建筑工程施工质量验收统一标准》GB 50300—2001 附录 E.0.1。

分项工程验收由监理工程师（建设单位项目专业技术负责人）组织项目专业技术负责人等进行验收。

分项工程是在检验批验收合格的基础上进行。通常起一个归纳整理的作用，主要是一个统计表。验收时只要注意四点就可以了。

（1）检查检验批是否将整个工程复盖了，有没有漏掉的部位；

（2）检查有混凝土、砂浆强度要求的检验批，到龄期后进行评定，看能否达到设计要求及规范规定；

（3）检验批有些检验项目无法检查时，需到分项工程来才能检查的项目，在分项工程检查时验收。如墙体的全高垂直度、最后总标高等。

（4）检验批的验收表格和有关资料的整理审查，看有没有不符合要求的资料，审查后依次进行登记整理，以方便管理。

表的填写：表名填上所验收分项工程的名称，表头及检验批部位、区段，施工单位检查评定结果，由施工单位项目专业质量检查员填写，由施工单位的项目专业技术负责人检查后给出评价并签字，交监理单位或建设单位验收。

监理单位的专业监理工程师（或建设单位的专业负责人）应逐

项审查,同意验收项填写"合格"或"符合要求",并签字确认。不同意项暂不填写,待处理后再验收,但应做标记。注明不验收的意见,指出存在的问题,明确处理要求和完成时间。

填写式样见表C,砖砌体分项工程质量验收记录表。

砖砌体分项工程质量验收记录表　　　　表C

010701
020301

单位(子单位)工程名称	北京中华小区4号住宅楼		结构类型	砖混六层
分部(子分部)工程名称	主体分部		检验批数	6
施工单位	北京朝天建筑工程公司		项目经理	王大有
序号	检验批部位、区段	施工单位检查评定结果	监理(建设)单位验收结论	
1	一层墙①—⑮	√		
2	二层墙①—⑮	√		
3	三层墙①—⑮	√		
4	四层墙①—⑮	√		
5	五层墙①—⑮	√		
6	六层墙①—⑮	√		
7				
	说明: 　1. 全高垂直度:检查4点分别7、9、14、7。平均为9.2,最大值为14。≤15mm。 　2. 砂浆试块坑压强度依次为11.8、11.9、12.1、9.6、10.2、10.8,平均11.1MPa≥10MPa,最小9.6MPa≥7.5MPa 　3. 全高标高18.75m,+15mm。		合　　　格	
施工单位检查结论	合格 项目技术负责人:刘玉河 　　　2002年7月16日	监理单位验收结论	同意验收 监理工程师:王育青 (建设单位项目专业技术负责人) 　　　2002年7月16日	

填表说明:

1. 将分项工程名称填写具体和检验批表的名称一致;
2. 检验批逐项填写,并注明部位、区段,以便检查是否有没检查到的部位;
3. 由项目专业技术负责人和专业的监理工程师签字。

47. 分部(子分部)工程质量验收及验收记录表填写时应注意什么？

分部(子分部)工程验收表为《建筑工程施工质量验收统一标准》GB 50300—2001 附录 F.0.1.

分部(子分部)工程的验收，较 88 标准增加了内容，是质量控制的一个重点。由于单位工程体量的增大，复杂程度的增加，专业施工单位的增多，为了分清责任，及时整修等，分部(子分部)工程的验收就显得较重要，以往一些到单位工程验收的内容，移到分部(子分部)工程来了，除了分项工程的核查外，增加了质量控制资料核查；安全、功能项目的检测和观感质量的验收等。

分部(子分部)工程应由施工单位将自行检查评定合格的表填写好后，由项目经理检查合格签字后交监理或建设单位验收。由总监理工程师组织施工单位的项目经理及有关勘察(地基与基础分部)、设计(地基与基础及主体结构及重要安装分部(子分部)工程等)、建设单位工程项目负责人进行验收，并按表的要求进行记录。

(1) 表名及表头部分的填写：

表名：分部(子分部)工程的名称填写要具体，写在分部(子分部)工程的前边，并分别划掉分部或子分部。分部(子分部)工程的名称按统一标准附录 B 表的名称填写。

表头部分的工程名称填写工程全称，与检验批、分项工程、单位工程验收表的工程名称一致。

结构类型填写按设计文件提供的结构类型。层数应分别注明地下和地上的层数。

施工单位填写单位全称。与检验批、分项工程、单位工程验收表填写的名称一致。

技术部门负责人及质量部门负责人多数情况下填写项目的技术及质量负责人，只有地基与基础、主体结构及重要安装分部(子分部)工程应填写施工单位的技术部门及质量部门负责人。

分包单位的填写,有分包单位时才填,没有时就不填写。分包单位名称要写全称,与合同或图章上的名称一致。分包单位负责人及分包单位技术负责人,填写本项目的项目负责人及项目技术负责人。

(2)验收内容共有四项内容:

① 分项工程的核查

按分项工程第一个检验批施工先后的顺序,将分项工程名称填写上,在第二格栏内分别填写各项工程实际的检验批数量,即分项工程验收表上的检验批数量,并将各分项工程验收表按顺序附在表后。

施工单位检查评定栏,填写施工单位自行检查评定的结果。核查一下各分项工程是否都评定合格,有关有龄期试件的合格评定是否达到要求;有全高垂直度或总的标高的检验项目的应进行检查验收。自检符合要求的可打"√"标注。否则不能交给监理单位或建设单位验收,应进行返修达到合格后再提交验收。监理单位或建设单位由总监理工程师或建设单位项目专业技术负责人组织验收,在符合要求后,在验收意见栏内签注"同意验收"意见。

② 质量控制资料的核查

应按《建筑工程施工质量验收统一标准》GB 50300—2001 表G.0.1-2 单位(子单位)工程质量控制资料核查记录中的相关内容或各规范中分部(子分部)的资料来确定所验收的分部(子分部)工程的质量控制资料项目,自己列成一个分部(子分部)工程资料核查表,按资料核查的要求,逐项进行核查。能基本反映工程质量情况,达到保证结构安全和使用功能的要求,即可通过验收。全部项目都通过,即可在施工单位检查评定栏内打"√"标注检查合格,并送监理单位或建设单位验收。监理单位总监理工程师组织审查,在符合要求后,在验收意见栏内签注"同意验收"意见。

有些工程可按子分部工程进行资料验收,有些工程可按分部工程进行资料验收,由于工程不同,不强求统一。如果全部子分部工程的资料都检查符合要求,分部工程的资料也可不再查。

③ 安全和功能检验(检测)资料

这个项目是指竣工抽样检测的项目,能在分部(子分部)工程中检测的,为了加强质量控制及时发现质量问题,尽量放在分部(子分部)工程中检测。检测内容按《建筑工程施工质量验收统一标准》GB 50300—2001 表 G.0.1-3 单位(子单位)工程安全和功能检验资料核查及主要功能的抽本记录中或各规范中分部(子分部)工程中规定的项目相关内容确定检查和抽查项目。在核查时要注意：

在开工之前确定的项目是否都进行了检测；

逐一检查每个检测报告,核查每个检测项目的检测方法、程序是否符合有关标准规定；

检测结果是否达到规范的要求,检测报告的审批程序签字是否完整,在每个报告上标注审查同意。

每个检测项目都通过审查,即可在施工单位检查评定栏内打"√"标注检查合格。由项目经理送监理单位(或建设单位)验收。监理单位总监理工程师或建设单位项目专业负责人组织审查,在符合要求后,在验收意见栏内签注"同意验收"意见。

④ 观感质量检查

观感质量验收按《建筑工程施工质量验收统一标准》GB 50300—2001 表 G.0.1-4 单位(子单位)工程观感质量检查记录的有关项目及各规范中分部(子分部)工程中规定的项目进行检查。为了检查方便,也可自行列成一个分部(子分部)工程的检查表。

观感质量实际不单是外观质量,还有能启动或运转的要启动或试运转,能打开看的打开看,有代表性的房间、部位都应走到,实际是一个实物质量的全面验收。由施工单位项目经理组织进行现场检查,经全面检查符合要求后,将施工单位填写的内容填写好后,由项目经理签字后交监理单位或建设单位验收。监理单位由总监理工程师或建设单位项目专业负责人组织验收,在听取参加检查人员意见的基础上,以总监理工程师或建设单位项目专业负责人为主导共同确定质量评价,评价为好、一般、差。由施工单位的项目经理和总监理工程师或建设单位项目专业负责人共同签认。如评价观感质量差的项目，能修理的尽量修理，如果确难修理时，只要不影响结构安全和使用功能的，可采用协商解决的方法进行验收，并在验收表上注明，然后将验收评价结论填写在分部（子分部）工程观感质量验收意见栏格内。

（3）验收单位签字认可。

按表列参与工程建设责任单位的有关人员应亲自签名，以示负责，以便追查质量责任。

勘察单位可只签认地基基础分部（子分部）工程，由项目负责人亲自签认；

设计单位可只签地基基础、主体结构及重要安装分部（子分部）工程，由项目负责人亲自签认；

施工总承包单位各分部（子分部）工程都必须签认，必须由项目经理亲自签认，有分包单位的分包单位也必须签认其分包的分部（子分部）工程，由分包项目经理亲自签认。

监理单位作为验收方。由总监理工程师亲自签认验收。如果按规定可由建设单位自行管理的工程，可由建设单位项目专业负责人亲自签认验收。

填写式样用统一标准见表 D，分部（子分部）工程质量验收记录表。

主体分部工程质量验收记录表 表 D 0203

单位（子单位）工程名称	北京中华小区 4 号住宅楼		结构类型及层数		砖混六层
施工单位	北京朝天建筑工程公司	技术部门负责人	郭天有	质量部门负责人	王春田
分包单位		分包单位负责人	/	分包技术负责人	
序号		分项工程名称	检验批数	施工单位检查评定	验收意见
1 分项工程	1	砖砌体分项工程	6	√	同意验收
	2	配筋砌体分项工程	6	√	
	3	模板分项工程	6	√	
	4	钢筋分项工程	6	√	
	5	混凝土分项工程	6	√	
	6				
	7				

续表

序号	分项工程名称	检验批数	施工单位检查评定	验收意见
2	质量控制资料(参照 G.0.1-2 表相关内容检查,全符合要求)		√	同意验收
3	安全和功能检验(检测)报告(参照 G.0.1-3 表相关内容检查,全符合要求)		√	同意验收
4	观感质量验收(参照 G.0.1-4 表相关内容检查,综合进行评价)		好	同意验收
验收单位	分包单位	项目经理:/		
	施工单位	项目经理:王大有		2002年8月5日
	勘察单位	项目负责人:/		2002年8月5日
	设计单位	项目负责人:田北		2002年8月5日
	监理(建设)单位	总监理工程师:郝大海 (建设单位项目专业负责人)		2002年8月5日

填表说明：

1. 分部(子分部)工程的名称填写要具体,并注明是分部还是子分部;
2. 分项工程填写要是全部分项工程,并写明检验批的数量。各分项工程验收表依次附在后边;
3. 资料审查要按子分部工程分别检查,要按层次进行,并判断其能否达到完整的要求;判定达到要求施工单位填写"合格"或"√"以示检查合格。监理单位核查符合要求后填写"同意验收"。并将资料附在后边;
4. 安全和功能抽查,每项检测有单项报告,其结果能达到设计要求。检测报告依次附在后边。
5. 观感质量验收按单位工程的程序和要求进行,并附评价表;
6. 各单位的项目经理、项目负责人及总监理工程师签字确认。

48. 单位(子单位)工程质量验收及记录表填写时应注意什么?

单位(子单位)工程验收表按《建筑工程施工质量验收统一标准》GB 50300—2001 附录 G.0.1-1、G.0.1-2、G.0.1-3、G.0.1-4 进行。

单位(子单位)工程质量验收由五部分内容组成,每一项内容都有自己的专门验收记录表,而单位(子单位)工程质量竣工验收记录表表 G.0.1-1 是一个综合性的表,是各项目验收合格后填写的。

单位(子单位)工程由建设单位(项目)负责人组织施工(含分包单位)、设计单位、监理单位(项目)负责人进行验收。单位(子单位)工程验收表中的表 G.0.1-1 由参加验收单位盖公章,并由负责人签字。表 G.0.1-2、3、4 则由施工单位项目经理和总监理工程师(建设单位项目负责人)签字。不需要盖公章,因为是一些过程性的东西。但在一些分部(子分部)工程验收表中,有些地方要求分包单位加盖公章,也是可以的。

(1) 表名及表头的填写

将单位工程或子单位工程的名称由施工单位填写在表名的前边,并将子单位或单位工程的名称划掉。

表头部分,按分部(子分部)表的表头要求填写。

(2) 验收内容之一是"分部工程"核查

对所含分部工程逐项检查。首先由施工单位的项目经理组织有关人员逐个分部(子分部)进行核对检查。所含分部(子分部)工程检查合格后,由施工单位填写"验收记录"栏。注明共验收几个分部,经验收符合标准及设计要求的几个分部。由监理单位审查验收的分部工程全部符合要求后,由监理单位在"验收结论"栏内,写上"同意验收"的结论。

(3) 验收内容之二是"质量控制资料"核查

这项内容有专门的验收表格,《建筑工程施工质量验收统一标准》GB 50300—2001 表 G.0.1-2,也是先由施工单位检查合格,再提交监理单位验收。其全部内容在分部(子分部)工程中已经审查。通常单位(子单位)工程质量控制资料核查,也是按分部(子分部)工程逐项检查和审查,一个分部工程只有一个子分部工程时,子分部工程就是分部工程,多个子分部工程时,可一个一个地检查和审查,也可按分部工程检查和审查。每个子分部工程检查审查后,也不必再整理分部工程的质量控制资料,只将其依次装订起来,前边的封面写上分部工程的名称,并将所含子分部工程的名称依次填写在下边就行了。然后将各子分部工程审查的资料逐项进行统计，填入"验收记录"栏内。通常共有多少项资料，经审查也都应符合要求。如果出现有核定的项目时，应查明情况，只要是协商验收的内容，填在验收结论栏内。通常严禁验收的事件，不会留在单位工程来处理。这项也是先施工单位自行检查评定合格后，提交监理（建设）单位验收。由总监理工程师或建设单位项目负责人组织审查，符合要求后，在"验收记录"栏格内填写项数。在验收结论栏内，写上"同意验收"的意见。同时要在表 G.0.1-1 单位（子单位）工程质量竣工验收记录表中的序号 2 栏内的验收结论栏内填"同意验收"。

（4）验收内容之三是"安全和主要使用功能核查及抽查结果"核查

这项内容有专门的验收表格《建筑工程施工质量验收统一标准》GB 50300—2001 表 G.0.1-3，这个项目包括二个方面的内容。

① 在分部（子分部）进行了安全和功能检测的项目，要核查其检测报告等验收资料，结论是否符合设计要求。

② 在单位工程进行的安全和功能抽测项目，要核查其项目是否与施工前确定的计划内容一致，抽测的程序、方法是否符合有关规定，抽测报告的结论是否达到设计要求及规范规定。

这个项目也是由施工单位检查评定合格，填好表格再提交验收。由总监理工程师或建设单位项目负责人组织审查，程序内容二个方面基本是一致的。按项目逐个进行核查验收。然后统计核查的项数和抽查的项数，填入份数栏内。每项符合要求后，分别填入"核查意见"栏和"抽查结果"栏。并分别统计符合要求的项数，也分别填入验收记录栏相应的空档内。通常两个项数是一致的，如果个别项目的抽测结果达不到设计要求，则可以进行返工处理达到符合要求。然后由总监理工程师或建设单位项目负责人在表 G.0.1-1 单位（子单位）工程质量竣工验收记录表的序号 3 栏内中验收结论栏内填写"同意验收"的结论。

如果返工处理后仍达不到设计要求，就要按不合格处理程序进行处理。

(5) 验收内容之四是"观感质量验收"

观感质量检查的方法同分部(子分部)工程,单位工程观感质量检查验收不同的是项目比较多,是一个综合性验收。检查用统一标准表 G.0.1-4 进行检查。实际是复查一下各分部(子分部)工程验收后,到单位工程竣工这段时间内的质量变化、成品保护以及分部(子分部)工程验收时,还没有形成部分的观感质量等。这个项目也是先由施工单位检查评定合格,再提交验收。由总监理工程师或建设单位项目负责人组织审查,程序和内容基本是一致的。按核查的项目数及符合要求的项目数填写在"验收记录"栏内,如果没有影响结构安全和使用功能的项目,由总监理工程师或建设单位项目负责人为主导意见,评价好、一般、差,则不论评价为好、一般、差的项目,都可作为符合要求的项目。由总监理工程师或建设单位项目负责人在"验收结论"栏内填写"同意验收"的结论。如果有不符合要求的项目,就要按不合格处理程序进行处理。

(6) 验收内容之五是"综合验收结论"

施工单位应在工程完工后,由项目经理组织有关人员对验收内容逐项进行查对,并将表格中应填写的内容进行填写,自检评定符合要求后,在"验收记录"栏内填写各有关项数,交建设单位组织验收。综合验收是指在前五项内容均验收符合要求后进行的验收,即按统一标准表 G.0.1-1 单位(子单位)工程质量竣工验收记录表进行验收。经各项目审查符合要求时,由监理单位或建设单位在"验收结论"栏内填写"同意验收"的意见。各栏均同意验收且经各参加检验方共同商定后,由建设单位填写"综合验收结论",可填写为"通过验收"。

(7) 参加验收单位签名

勘察单位、设计单位、施工单位、监理单位、建设单位都同意验收时,其各单位的单位项目负责人要亲自签字,以示对工程质量的负责,并加盖单位公章,注明签字验收的年月日。

单位(子单位)工程质量竣工验收记录表 表 G.0.1-1

工程名称	北京中华小区4号住宅楼		结构类型	砖混	层数/建筑面积	六层/3680m²
施工单位	北京市朝天建筑工程公司		技术负责人	郭天有	开工日期	2002年5月18日
项目经理	王大有		项目技术负责人	刘玉河	竣工日期	2003年8月20日
序号	项目	验收记录			验收结论	
1	分部工程	共7分部,经查符合标准及设计要求7分部			同意验收	
2	质量控制资料核查	共21项,经审查符合要求21项,经鉴定符合规定要求0项			同意验收	
3	安全和主要使用功能核查及抽样结果	共核查13项,符合要求13项,共抽查3项,符合要求3项,经返工处理符合要求0项			同意验收	
4	观感质量验收	好			好	
5	综合验收结论	通过验收				
参加验收单位	建设单位	监理单位	施工单位	设计单位	勘察单位	
	(公章)单位(项目)负责人:李小东 2003年8月20日	(公章)总监理工程师:郝大海 2003年8月20日	(公章)单位负责人:张玉琛 2003年8月20日	(公章)单位(项目)负责人:田北 2003年8月20日	(公章)单位(项目)负责人:刘子玉 2003年8月20日	

填表说明:

1. 单位(子单位)工程的名称要填写全称,即批准项目的名称,并注明是单位工程或子单位工程。

2. 安全和主要使用功能核查及抽查结果栏,包括两个方面,一个是在分部、子分部工程抽查过的项目检查检测报告的结论;另一方面是单位工程抽查的项目要检查其全过程,包括检查方法程序和结论。

3. 综合验收结论,填写通过或同意验收。不同意验收就不一定形成表格,待返修完善后,再形成表格。

4. 验收单位签字人要求本人签名,对勘察单位在地基分部(子分部)中签字,单位工程也应签字。

5. 表 G.0.1-1 验收记录由施工单位填写,验收结论由监理(建设)单位填写。综合验收结论由参加验收各方共同商定,建设单位填写,是对工程质量是否符合设计和规范要求及总体质量水平做出评价。

单位工程质量控制资料核查记录　　表 G.0.1-2

工程名称		北京中华小区4号住宅楼	施工单位	北京朝天建筑工程公司	
序号	项目	资料名称	份数	核查意见	检查人
1	建筑与结构	图纸会审、设计变更、洽商记录	12	符合要求	王大有
2		工程定位测量、放线记录	7	〃	
3		原材料出厂合格证书及进场检(试)验报告	206	〃	
4		施工试验报告及见证检测报告	115	〃	
5		隐蔽工程验收记录	27	〃	
6		施工记录	2(本)	〃	
7		预制构件、预拌混凝土合格证	/	/	
8		地基基础、主体结构检验及抽样检测资料	8	符合要求	
9		分项、分部工程质量验收记录	36	〃	
10		工程质量事故及事故调查处理资料	/	/	
11		新材料、新工艺施工记录	/	/	
12					
1	给排水与采暖	图纸会审、设计变更、洽商记录	9	符合要求	王大有
2		材料、配件出厂合格证书及进场检(试)验报告	55	〃	
3		管道、设备强度试验、严密性试验记录	18	〃	
4		隐蔽工程验收记录	16	〃	
5		系统清洗、灌水、通水、通球试验记录	18	〃	
6		施工记录	1(本)	〃	
7		分项、分部工程质量验收记录	16	〃	
8					
1	建筑电气	图纸会审、设计变更、洽商记录	6		王大有
2		材料、设备出厂合格证书及进场检(试)验报告	30	符合要求	
3		设备调试记录	/	/	
4		接地、绝缘电阻测试记录	10	符合要求	
5		隐蔽工程验收记录	16	〃	
6		施工记录	2(本)	〃	
7		分项、分部工程质量验收记录	16	〃	
8					
1	通风与空调	图纸会审、设计变更、洽商记录			
2		材料、设备出厂合格证书及时场检(试)验报告			
3		制冷、空调、水管道强度试验、严密性试验记录			
4		隐蔽工程验收记录			
5		制冷设备运行调试记录			
6		通风、空调系统调试记录			
7		施工记录			
8		分项、分部工程质量验收记录			

续表

工程名称		北京中华小区4号住宅楼	施工单位		北京朝天建筑工程公司	
序号	项目	资 料 名 称	份数	核查意见	检查人
1	电梯	图纸会审、设计变更、洽商记录		/	
2		设备出厂合格证书及开箱检验记录		/	
3		隐蔽工程验收记录		/	
4		施工记录		/	
5		接地、绝缘电阻测试记录		/	
6		负荷试验、安全装置检查记录		/	
7		分项、分部工程质量验收记录		/	
8					
1	智能建筑	图纸会审、设计变更、洽商记录、竣工图及设计说明		/	
2		材料、设备出厂合格证及技术文件及进场检(试)验报告		/	
3		隐蔽工程验收记录		/	
4		系统功能测定及设备调试记录		/	
5		系统技术、操作和维护手册		/	
6		系统管理、操作人员培训记录		/	
7		系统检测报告		/	
8		分项、分部工程质量验收报告		/	

结论:

质量控制资料完整。

施工单位项目经理:王大有　　　　总监理工程师:郝大海
2003年8月10日　　　　　　　　(建设单位项目负责人)2003年8月10日

填表说明:

1. 对质量控制资料核查,应按项目分别进行,这样方便,施工单位应先将资料分项目整理成册,项目顺序按本表顺序。每个项目按层次核查,并判断其能否满足规定要求;
2. 核查由总监理工程师组织,有关专业监理工程师参加;
3. 由施工(总包)单位项目经理和总监理工程师签字;
4. 具体资料项目按专业验收规范的项目进行核查。

单位(子单位)工程安全和功能检验资料核查及主要功能抽查记录

表 G.0.1-3

工程名称	北京中华小区4号住宅楼		施工单位	北京朝天建筑工程公司		
序号	项目	安全和功能检查项目	份数	核查意见	抽查结果	检查(抽查)人
1	建筑与结构	屋面淋水试验记录	1	符合要求		刘玉河 王育青
2		地下室防水效果检查记录	1	符合要求		
3		有防水要求的地面蓄水试验记录	36	符合要求		
4		建筑物垂直度、标高、全高测量记录	2	符合要求		
5		抽气(风)道检查记录	2	符事要求		
6		幕墙及外窗气密性、水密性、耐风压检测报告	/			
7		建筑物沉降观测测量记录	1	符合要求		
8		节能、保温测试记录	1	符合要求		
9		室内环境检测报告	1	符合要求		
1	给排水与采暖	给水管道通水试验记录	6	符合要求		
2		暖气管道、散热器压力试验记录	16	符合要求		
3		卫生器具满水试验记录	26	符合要求		
4		消防管道压力试验记录	3	符合要求		
5		排水干管通球试验记录	6	符合要求		
6						
1	电气	照明全负荷试验记录	3	符合要求		
2		大型灯具牢固性试验记录	/			
3		避雷接地电阻测试记录	2	符合要求		
4		线路、插座、开关接地检验记录	34	符合要求		
1	通风空调	通风、空调系统试运行记录				
2		风量、温度测试记录				
3		洁净室内洁净度测试记录				
4		制冷机组试运行调试记录				
1	电梯	电梯运行记录				
2		电梯安全装置检测报告				
1	智能建筑	系统试运行记录				
2		系统电源及接地检测报告				
3						

续表

结论:
工程安全和功能检验核查资料完整,主要功能抽测项目及结果符合要求。

施工单位项目经理:王大有　　　总监理工程师:郝大海
2003年8月11日　　　　　　　（建设单位项目负责人）2003年8月11日

填表说明:
1. 按项目分别进行检查和抽查,对在分部、子分部工程已抽查的项目,核查其结论是否符合设计要求;对在单位(子单位)工程抽查的项目,应进行全面检查,并核实其结论是否符合设计要求;
2. 总监理工程师组织有关监理工程师核查,有关施工单位项目经理、技术负责人参加;
3. 由施工(总包)单位项目经理和总监理工程师签字。

单位(子单位)工程观感质量检查记录　　　表 C.0.1-4

工程名称		北京中华小区4号住宅楼	施工单位	北京朝天建筑工程公司		
序号		项目	抽查质量状况	质量评价		
				好	一般	差
1	建筑与结构	室外墙面		√		
2		变形缝			√	
3		水落管、屋面		√		
4		室内墙面		√		
5		室内顶棚		√		
6		室内地面		√		
7		楼梯、踏步、护栏		√		
8		门窗			√	
1	给排水与采暖	管道接口、坡度、支架		√		
2		卫生器具、支架、阀门		√		
3		检查口、扫除口、地漏		√		
4		散热器、支架			√	
1	建筑电气	配电箱、盘、板、接线盒		√		
2		设备器具、开关、插座			√	
3		防雷、接地		√		

续表

工程名称		北京中华小区 4 号住宅楼	施工单位	北京朝天建筑工程公司			
序号		项　目	抽查质量状况	质量评价			
				好	一般	差	
1	通风与空调	风管、支架					
2		风口、风阀					
3		风机、空调设备					
4		阀门、支架					
5		水泵、冷却塔					
6		绝热					
1	电梯	运行、平层、开关门					
2		层门、信号系统					
3		机房					
1	智能建筑	机房设备安装及布局					
2		现场设备安装					
3							
观感质量综合评价				好			
检查结论		施工单位项目经理：王大有 2003 年 8 月 20 日	总监理工程师：郝大海 （建设单位项目负责人）2003 年 8 月 20 日				

填表说明：

1. 其他表都是施工单位先验收合格填写好，监理再验收。本表也可以由总监理工程师组织检查填写，共同验收；
2. 由总监理工程师组织有关监理工程师，会同参加验收的人员共同进行，通过现场全面检查，在听取有关人员的意见后，由总监理工程师为主与监理工程师共同确定质量评价；评价分为好、一般、差。只要不影响安全和使用功能，都可通过验收。评为差时，能修的尽量修，不能修的按 5.0.6 条第四款处理；
3. 由施工（总包）项目经理和总监理工程师签字。

49. 主控项目中的允许偏差值是否一点也不能超过允许偏差值？

将允许偏差项目列入质量验收的主控项目是这次质量验收规范改革的一项内容。原《建筑安装工程质量检验评定统一标准》

GBJ 300—88质量验收的检验评定项目设有三个：保证项目、基本项目、允许偏差项目。从排列的顺序给人们一个概念，保证项目最重要，基本项目次之，允许偏差项目第三。但实际有些偏差项目要求比较高，对工程的结构安全和重要使用功能，都有较大的影响。如墙、柱、轴线位移、垂直度、标高、预埋件位置、设备预埋孔等。由于这次质量验收规范修订，只设有一个合格质量等级，检验批只设主控项目和一般项目两个质量验收项目，就取消了允许偏差项目，将其一分为三，一部分放入主控项目，大多数放入一般项目，还有一部分放入企业标准。质量验收规范规定放入主控项目的允许偏差值必须每个检查点都达到，一个点也不能超过偏差值。

50. 一个单位工程分为几个子单位工程验收时，子单位工程也要进行竣工备案吗？

《建筑工程施工质量验收统一标准》GB 50300—2001第4.0.2条第二款规定："建筑规模较大的单位工程，可将其能形成独立使用功能的部分为一个子单位工程"。《建设工程质量管理条例》第四十九条规定，建设单位应当自建设工程竣工验收合格之日起15日内，报建设行政主管部门或其他有关部门备案。2000年4月7日《房屋建筑工程和市政基础设施工程竣工验收备案管理暂行办法》建设部令第78号第十二条规定，备案机关决定重新组织竣工验收的工程，擅自使用的工程或建设单位在备案之前已投入使用的工程，都要进行处罚。根据这些规定的精神，建筑工程不备案是不能投入使用的。

单位工程竣工验收备案是使用前的一个重要程序，对规模较大的工程分期使用，分期验收，这在国外是较常见的。我们国家近年来的工程，较大规模的越来越多，如果再坚持以往按单位工程统一验收的做法，就有些脱离实际，故这次提出了子单位工程验收的规定。提出子单位工程的验收，主要目的是为了提前使用，发挥投资效益，收来的资金再继续投入工程建设。按我国的规定投入使用的建筑工程，必须先进行备案，否则不得投入使用。所以子单位质量验收通过后,也必须进行竣工备案。竣工备案的程序,所具备的资料文件及要求,完全和单位工程一样。

一个单位工程分为几个子单位工程竣工验收和备案时,全部子单位工程竣工验收和备案之后,单位工程的竣工验收和备案也完成了,不再进行单位工程的竣工验收和备案。

51. 根据子单位工程的划分原则,一个商住楼是否可以将商营部分和住宅部分为二个子单位工程?

单位工程的划分有两个条件,一是具备独立的施工条件,二是能形成独立使用功能的建筑物为一个单位工程。子单位工程的划分只有一个条件,能形成独立的使用功能。一个商住楼只要符合上述条件的,原则上应该是可以分为二个子单位工程的。但如果商住楼面积太小,只有几千平方米,或都是砖混结构,上下水系统又没法分开,形不成独立的使用功能,努力一下全部工程就完工了,也不必再分为两个子单位工程了。子单位工程必须要按规定进行竣工备案,如上述商住楼竣工备案也是有困难的。

有的人问具备独立的使用功能的条件是什么?这没有具体的明确规定,就是你用这个子单位工程要干什么事,它能满足使用要求就行了。也就是说你进行竣工备案,需要的资料文件都能符合备案要求,达到该工程的竣工验收备案文件齐全,于某年某月某日收讫就行了。

另外,有的同志问子单位工程备案是否要有规划、消防、环保等部门出具的认可文件或者准许使用文件?备案的全部文件,也包括这些在内。

52. 原《建筑安装工程质量检验评定统一标准》GBJ 300—88的验收资料分为质量控制资料、验评资料、管理资料、新的质量验收规范是否仍按这三块分?

原《建筑安装工程质量检验评定统一标准》GBJ 300—88的制订背景是多层的砖混结构为基础,工程规模也不大,资料也比较少,装饰等材料也不强调原材料的资料。所以将工程的资料集中起来检查,分为几块。实际在工程的验评中,由于工程规模越来越大,工程的内容也增多,越来越感到将各项资料归类检查比较困难。这次质量验收规范就没有强调这样做,提倡按分部(子分部)来分别检查和归纳资料,这样核查快,判定也比较容易,问题也易找出来,判定的结果也较准确。当然,从资料的范围比原来大了,内容的要求多了、高了。

53. 《建筑工程施工质量验收统一标准》GB 50300—2001 第 5.0.6 条第四款的加固技术处理方案是否一定要原设计单位来制订?

一个工程的质量事故方案通常情况下,都应该是原设计单位来制订。《建设工程质量管理条例》对设计单位的质量责任和义务,第二十四条规定,"设计单位应当参与建设工程质量事故分析,并对因设计造成的质量事故,提出相应的技术处理方案。"本条是关于事故发生后设计单位的义务的规定。这里指出二个问题,第一是设计单位应当参与工程质量事故的分析,这是他的责任;第二是由于因设计原因造成的质量事故,提出相应技术处理方案,这是无代价的。

工程质量事故发生后,工程的设计单位有义务参与质量事故分析。建设工程的功能、所要求达到的质量在设计阶段就已确定,可以说工程的好坏在一定程度上表达了设计的意图,因此在工程出现事故时,该工程的设计单位对事故的分析具有权威性。另外,设计是技术性很强的工作,设计文件的文字量尤其是图纸量比较大,该工程的设计单位最有能力在短时间内发现存在的问题,这对及时地进行事故处理是有利的。尽管多数设计单位一直出于责任感积极参与事故分析,为及时更好地处理事故,尽可能将事故损失减少,对此专门作出规定。

当工程质量事故涉及到工程勘察内容时,同样适用于勘察单位。

在正常的施工阶段,《中华人民共和国建筑法》第五十八条规定:"工程设计的修改由原设计单位负责,建筑施工企业不得擅自修改工程设计"。工程质量事故发生后,对因设计造成的质量事故原设计单位必须提出相应的技术处理方案,这是设计单位的义务,因为考虑到设计单位对自己设计的工程在事故分析时的权威性,其方案也同样对日后的加固、修复有重要的意义。但是对于非设计原因造成的质量事故,正常情况也应由原设计单位提出技术处理方案,除非原设计单位已不存在。这种情况建设单位应付给提供技术处理方案的原设计单位相应的报酬。

要认为已建成工程发生事故后的修复为一项新的建设工程,因此,是否采用原设计单位提供的处理方案属于新的委托设计工作。但是在通常情况下,考虑到设计工作的特殊性以及设计单位在工程合理使用年限内所承担的责任,在设计单位具备提出合理技术处理方案的能力时,建设单位原则上应优先委托原设计单位进行加固、修复的设计工作。

54. 检验批质量验收记录表能否代替企业自检、隐蔽验收等表格?

检验批质量验收记录表是《建筑工程施工质量验收统一标准》规定的质量验收的基础表格,是质量验收的原始凭证。是为分清质量责任,规范工程质量验收程序而设计的质量批标准验收文件。工程质量法定的交接文件。而施工企业的自检、隐蔽验收是施工企业质量控制和质量保证文件,证明企业的控制能力。是施工企业为保证每个检验批质量达到验收标准的过程管理,企业自己用什么表格,由企业来定。

企业的施工质量检验,通常是指工程施工过程中工序质量检验,或称为过程检验。有预检及隐蔽工程检验和自检、交接检、专职检、分部工程中间检验等。

施工工序也可以称为过程。各个过程之间横向和纵向的联系形成了(工序)过程网络。一项工程的施工,是通过一个庞大的、由许多过程组成的过程网络来实现的,网络上的关键过程(或工序)都有可能对工程最终的施工质量产生决定性的影响。有的过程(工序)不按规定操作,达不到设计文件或标准的要求,就有可能给工程留下隐患,甚至引起整个工程结构失效。如焊接节点的破坏,就可能引起桁架破坏,从而导致屋面坍塌;框架结构核心区箍筋不按规定加密,就会影响结构物的抗震能力等等。所以施工单位要加强对施工过程(工序)的质量控制,特别是要加强影响结构安全的地基和结构等关键施工过程的质量控制。完善的检验制度和严格的工序管理是保证工序过程质量的前提,只有过程网络上的所有过程的质量都受到严格的控制,整个工程的质量才能得以保证。

所谓严格工序管理,不仅仅是对单一的工序加强管理,而是要对整个过程(工序)网络进行全面管理。用前一道或横向相关的工序保证后续工序的质量,从而使整个工程施工质量达到预期目标。

在施工过程中,某一道工序所完成的工程实物,被后一工序形成的工程实物所隐蔽,而且不可以逆向作业,前者就称为隐蔽工程。例如,钢筋混凝土工程中的一些重要梁、柱节点管道周围钢筋的变化等特殊情况,为混凝土所覆盖,形成隐蔽工程。建设工程施工,在大多数情况下,具有不可逆性。隐蔽工程被后续工序隐蔽后,其施工质量就很难检验及认定。如果不认真做好隐蔽工程的质量检查工作,就容易给工程留下隐患。所以隐蔽工程在隐蔽前,施工单位除了要作好检查、检验并做好记录之外,还要及时通知建设单位(实施监理的工程为监理单位)和建设工程质量监督机构,以接受政府监督和向建设单位提供质量保证,以形成第三方见证。企业自检用的表格由企业自己来制订。

根据《建设工程施工合同文本》中对隐蔽工程验收所做的规定,工程具备隐蔽条件或达到专用条款约定的中间验收部位,施工单位进行自检,并在隐蔽或中间验收前 48 小时以书面形式通知监理工程师验收。通知包括隐蔽和中间验收的内容、验收时间和地点。施工单位准备验收记录,验收不合格,施工单位在监理工程师限定的时间内修改重新验收。

质量监督机构对工程的监督检查以抽查为主,因此,接到施工单位隐蔽验收的通知后,可以根据工程的特点和隐蔽部位的重要程序及工程质量监督管理规定的要求,确定是否监督该部位的隐蔽验收。对于整个工程所有的隐蔽工程验收活动,工程质量监督机构要保持一定的抽查频率。对于工程的关键部位的隐蔽工程验收通常应到场,对参加隐蔽工程验收各方的人员资格、验收程序以及工程实物进行监督检查,发现问题及时责成责任方予以纠正。隐蔽工程验收后应形成文件。文件的形式可由地区主管部门或企业自订。

55. 施工质量验收的检验批、分项、子分部、分部工程质量的验收表,以及地基验核、隐蔽记录等表是否都要加盖公章?还是由有关人员签字就行了?

检验批质量验收记录表、分项工程质量验收记录表、分部(子分部)工程质量验收记录表,以及单位(子单位)工程质量竣工验收的辅助表。表 G.0.1-2 单位(子单位)工程质量控制资料核查记录表、表 G.0.1-3 单位(子单位)工程安全和功能检验资料核查及主要功能抽查记录表、表 G.0.1-4 单位(子单位)工程观感质量检查记录表等。是建筑工程质量验收规范规定的验收用表,原则上述表格都是由相关负责人签字验收认可就行了,不必再加盖单位公章,加盖单位公章的只有单位(子单位)工程质量竣工验收记录表 G.0.1-1。以示有关单位对工程质量负责。

至于地基验核、隐蔽工程验收等过程性检查,原则上属于质量控制的内容,由施工企业自己来做,用第三方参与的见证性的文字资料,来作为工程质量的客观见证。作为企业自身控制的提升,这些文件由于是企业自身或合同双方的事,由企业及参与有关验证性事件的单位联系。作为规范的解释,不能说不要,也不能讲就要求盖公章,由企业自定就行了。就我个人意见来讲,能不要盖公章的尽量不要,理由有三:

一是太费时间,什么表上都盖公章,那公章放在什么地方,不能每个工作人员将公章都放在口袋内,若不这样,到单位盖章,这一天要跑几回,影响工作效率。

二是不能充分发挥具体办事人员的积极性。一个监理工程师他签字他负责,他的责任感就会加强,如果出了问题,处理他是理所当然的。若要求什么表都盖公章,对具体办事人就有不够信任的意思,这样办事人就不能充分发挥自己的积极性。处理不处理具体办事人员,加盖公章单位应承当什么责任。具体办事的人员是代表单位在工作,具体事情处理他应有需要有的权限,出了问题他应负具体责任,派出单位在表上盖不盖章,他本人都应承担应承担的责任。

三是什么表都盖公章是一种形式主义,什么表或文件上都盖公章是滥用,这样就没有严格性了。如果前后都是有公章的文件,不一致时处理起来就难办。验收规范规定有关单位只要在单位工程验收表上,由项目负责人签字并加盖公章,就对整个工程的质量负责,包括所有过程中的表格。

56. 施工单位与监理单位在工程验收过程中意见不一致时,由谁出面来仲裁?

建筑工程质量验收规范规定,工程质量验收从检验批、分项、分部(子分部)工程到单位(子单位)工程,都是先施工单位自行检查评定合格后,再交给监理(建设)单位验收,这是两个程序,各负其责。谁的质量问题,由谁负责,如果属不良行为的将给予记录,在一定的时候进行公示。施工单位自行检查评定的标准是企业标准,企业标准不应低于国家验收标准,企业验收完后,一般情况下,监理(建设)单位验收不会出现不合格的情况,特别是这次新的建筑工程质量验收规范规定,工程施工质量的验收是在施工过程中,不允许监理单位验收拖很长时间。在这期间也不会出现由于时间差,而工程质量发生变化。所以说在正常情况,不会出现验收意见不一致的问题。但由于施工、监理各自处的位置不同,对验收规范的理解差异,也有可能出现对验收意见不一致的时候。

出现不一致的情况,我认为主要还是对验收规范条文理解和掌握的宽严程度问题。对规范条文出现歧义时,要请规范管理部门或规范的主要编制人来对条文给予解释,依据解释双方研究处理。通常情况下,结合条文及其解释,再对照工程实体质量,双方研究处理是有可能的。如果双方还不能取得一致意见时,就可按照《建筑工程施工质量验收统一标准》的第6.0.6条的规定,请当地建设行政主管部门或工程质量监督机构协调处理。当地建设行政主管部门协调处理或仲裁,这是他们应做的工作,有这个责任,也有这个权利。工程质量监督机构是受当地建设行政主管部门的委托,依照有关工程技术标准,对工程质量进行监督检查。工程质量监督机构(站)也有这个权利和义务,并且在执行工程技术标准方面有他的优势。所以说,在施工企业与监理(建设)单位发生工程质量验收意见不一致时,双方无法协调时,可请当地建设行政主管部门或工程质量监督机构来协调处理。再不行就只有经过法律程序去解决,因此造成的损失由责任方承担。

57. 检验批验收时应"具有完整的施工操作依据、质量检查记录"如何掌握?

这项规定是为了加强工程质量控制,促进企业自行检查评定的正确执行,确保工程质量验收的质量,而提出来的。

"完整的施工操作依据"是保证工程质量、工程进度、经济效益的基础,包括施工准备、材料检查、工艺流程、工具器具、质量要求、操作要点、施工安全、环保劳保要求,以及成品保护的内容。通常企业有操作规程、工艺标准、工法等企业标准,都会包括这些内容。所以,在检验批质量验收记录表中,规定了"施工执行标准名称及编号"一栏。只要有了这样的企业标准,操作依据就可判为完整了。

操作依据是施工的基础文件,一个施工企业根据自身的工人操作技术素质、机械设备配置和管理人员的水平,由技术人员、管理人员和操作工人共同研究,制订出自己的施工操作规程,是最好的控制质量的基础。由于是自己编的操作规程,理解就比较深,在操作过程中还可以不断改进,充分发挥了人员的积极性,提高了人员素质,提高了工程质量,也会提高企业的经济效益。

"质量检查记录"的要求,包括三个方面：

第一是施工过程施工班组自行质量控制的检查,有制度、有工具、有措施、有记录,并有不断改进的记录等,使施工控制检查落到实处。有的同志问,有了检验批的验收表格,施工企业的自检记录还要不要。施工企业为了控制施工质量,施工过程中及时进行检查控制效果,及时改进纠正不符合要求的措施等,没有自检记录如何进行,所以讲,企业的自行检查记录是不可少的,到底这个记录在何时记录,包括哪些内容,表格如何设置等,各企业可以自行决定。

第二是工序完成之后的企业自行检验评定检查,系统进行供评价质量的抽查检验记录,这也是必不可少的。不然检验批质量验收表中的"施工单位检查评定记录"栏的数据和质量情况就是假的。

第三是除班组质量控制检查记录和施工企业抽查检查记录,还有原材料进场检查质量记录和使用前的抽样试验记录、施工过程中的配合比、密实度、严密度、试块、材料的强度等质量检查记录等。

分项工程中的质量检查记录,主要是核查检验批的资料,包括检验批质量验收记录表。同时还有一部分在分项工程完成后进行的检查项目检查结果的记录资料。如混凝土、砌筑砂浆、全高垂直度、总标高检测结果等检查记录资料等。

58. 建筑工程质量验收规范修订的原因是什么？

这次修改建筑工程质量验收标准的原因主要有四个：一是标准本身有标令,由于建筑技术、建筑材料的发展和质量要求的改进,一般5～7年要修订一次。《建筑安装工程质量检验评定统一标准》GBJ 300—88是1988年颁发的,至今已有12年头了。本身已该修订了。二是现行和专业施工规范,包括地基基础、砌体工程、混凝土工程、钢结构、木结构、屋面工程、地下防水、给水排水、建筑电气、通风空调、电梯安装和智能建筑等标准体系,存在着规范之间的互相交叉,检测手段缺乏,执行较困难,也需要修订。三是为了贯彻1997年工程标准化会议提出的"验评分离、强化验收、完善手段、过程控制"修订施工质量验收规范的原则,并提出取消原标准"优良"等级,向国际先进国家的标准靠拢。四是贯彻《建设工程质量管理条例》,分清质量责任,落实质量责任制,政府加强工程质量的管理,不合格的工程不得交付使用。由于市场经济的发展,为了适应管理的需要,也是修订房屋质量验收标准的原因。《条例》的出台也加速了质量验收规范的修订过程。

59. 修改后的质量验收规范,对老百姓有什么好处?

主要有两个方面:

(1)原《施工及验收规范》和《质量检验评定标准》两个系列,前者多重视施工工艺,后者多重视外观质量的评定,对老百姓来讲,主要是房屋的质量和使用功能,而这些也是政府必须管理的,主要内容是工程质量必须达到合格,保证用户的安全和使用功能。现在是二者合二为一了,不管施工工艺和评优了,重点突出了质量指标的验收,而且只有合格一个等级,这样就使施工单位、建设单位的管理突出了重点,从结构安全和使用功能方面得到了加强。政府也便于监督检查了。用户的使用安全得到了保证。

(2)突出了结构安全和使用功能,提高了工程质量。首先是质量验收规范取消了原来的允许偏差项目达到70%为合格,达到90%为优良的规定。质量验收规范规定,允许偏差基本都必须达到规定的限值,比原标准的质量要求提高了。第二是增加了竣工工程的检测项目,验收可更多的用数据来说话,质量指标更科学了,使完工的工程质量更可靠。第三是加强了过程控制,使用的原材料和每道工序完成后都必须经监理工程师验收认可后,才能进行下道工序,在施工过程 加强了质量控制。通过上述几点,总的讲质量验收规范比原标准质量要求高了,质量控制更严格,对用户更有利了。

60. 一般项目中有数据的项目有的规范规定有 20% 可超过规定,有的没有规定,该如何执行?

在《建筑工程质量验收规范》系列标准中,各规范对一般项目中有允许偏差的项目合格判定不够一致。地基基础、砌体、混凝土结构、钢结构、地面、装饰装修、通风空调工程等七个规范。提出了抽查点合格率≥80%的要求,智能建筑工程只在附录表 B.0.4 工程安装质量及观感质量验收记录中提出 80%的要求。其他规范木结构、屋面、地下防水、给水排水、电气安装、电梯安装等七个规范没有提出 80%的规定。在提出合格率≥80%的七个规范中,提出超偏差值限制的只有 4 项规范,即地面工程、装饰装修工程、钢结构及混凝土结构工程保护层厚度等。混凝土工程、通风与空调工程提出不得有严重缺陷。其余规范未提出 80%的要求,要 100%达到规定。

由于各规范规定不一致,统一标准又没有规定,在各验收规范未修订前,各规范如何规定就如何执行,不得改变。

但对于超过允许偏差 20%的计算方法,各验收规范都未提及,统一标准可提出,按每个项目来计算 20%,而不是按全部检测点,如果按总检测点数计算,可能会出现有的项目可全部不合格,而这个项目可能是比较重要的,这不利于质量控制。